海洋气象服务丛书

WMO-No.558

U0292657

海洋气象服务手册

第一卷 全球领域

（WMO《技术规范》附件六）

2012 版,2018 更新

世界气象组织◎编著

天津海洋中心气象台◎组织编译

高润祥　赵　伟　潘　宁　刘彬贤◎译
刘春霞　朱磊磊　苏　杭

WORLD
METEOROLOGICAL
ORGANIZATION

气象出版社
China Meteorological Press

图书在版编目(CIP)数据

海洋气象服务手册. 第一卷, 全球领域/世界气象组织编著;高润祥等译. —北京:气象出版社, 2021.4

书名原文:Manual on Marine Meteorological Services Volume I - Global Aspects

ISBN 978-7-5029-7419-0

Ⅰ. ①海… Ⅱ. ①世… ②高… Ⅲ. ①海洋气象—气象服务—手册 Ⅳ. ①P732-62

中国版本图书馆 CIP 数据核字(2021)第 068976 号

Haiyang Qixiang Fuwu Shouce(Diyi Juan Quanqiu Lingyu)
海洋气象服务手册(第一卷 全球领域)

出版发行:气象出版社
地　　址:北京市海淀区中关村南大街 46 号　　　邮政编码:100081
电　　话:010-68407112(总编室)　010-68408042(发行部)
网　　址:http://www.qxcbs.com　　　E-mail: qxcbs@cma.gov.cn
责任编辑:张盼娟　　　　　　　　　终　审:吴晓鹏
责任校对:张硕杰　　　　　　　　　责任技编:赵相宁
封面设计:地大彩印设计中心
印　　刷:三河市百盛印装有限公司
开　　本:787 mm×1092 mm　1/16　　　印　张:4.5
字　　数:94 千字
版　　次:2021 年 4 月第 1 版　　　　　印　次:2021 年 4 月第 1 次印刷
定　　价:40.00 元

本书如存在文字不清、漏印以及缺页、倒页、脱页等,请与本社发行部联系调换。

编者按[①]

我们遵循以下排版惯例[②]：标准做法和程序用粗体；推荐做法和程序用常规字体；备注用小字号。

气象术语可在 WMO 术语数据库中查询，网址：http://public.wmo.int/en/resources/meteoterm。

通过在文中选择超级链接来复制它们的读者请注意，在 http://、https://、ftp://、(mailto：)以及斜杠(/)、短横线(-)、点号(.)和完整的字符序列(字母和数字)之后可能紧跟一个空格，应该从粘贴的 URL 地址中删除这些空格。当鼠标悬停在链接上或单击链接从浏览器中复制链接时，会显示正确的 URL 地址。

注意：

本书使用的名称和陈述的材料并不代表 WMO 对任何国家、领土、城市、地区或其当局的法律地位的意见，或关于其边界线划定的界定。

与其他本书未提及的具有相似属性的公司或产品一样，本书提到的公司或产品并不代表是 WMO 优先认可或推荐的。

声　明

本出版物原文为英语，经 WMO 允许，由气象出版社翻译出版。WMO 不保证翻译的准确性，由气象出版社对此全权负责。

---

① 此处的编者指 WMO。
② 此处为原著的排版说明，中文译本沿用中国图书出版的惯例。

出版更新记录

日期	部分/章/节	修订目的	提出	批准
2018 年 8 月	全书	履行第 12(Cg-17) 号决议的规定	建议 12(JCOMM-5)	第 10(EC-70) 号决议

译 者 序

海洋约占地球表面积的 71％，海洋气象灾害是人类在沿海及海上活动时面临的巨大挑战。受全球气候变暖的影响，极端海洋气象灾害事件呈现增多、增强的态势，特别是随着经济全球化快速发展，港口吞吐量日益增多，海上交通运输越来越繁忙，全球变化条件下的海洋气象灾害会给人类沿海及海上活动造成严重的人员伤亡和经济损失。

2013 年，中国国家主席习近平在出访中亚和东南亚国家期间，先后提出了共建"丝绸之路经济带"和"21 世纪海上丝绸之路"的重大倡议（"一带一路"倡议），得到国际社会的高度关注。共建"一带一路"致力于亚欧非大陆及附近海洋的互联互通，在此过程中，全球海洋气象信息对于"一带一路"倡议的实施具有重要作用。一般来说，海洋气象服务包含两个职能：一是为公海的国际航运、渔业和其他海洋活动提供服务；二是为沿海和近岸地区、港口、湖泊和海岸上进行的各种活动提供服务。为此，国际海事组织/世界气象组织提供了全球气象海洋信息，为海上航行的船舶提供统一的预报和警报。

WMO 出版的《海洋气象服务手册（第一卷 全球领域）》（以下简称《海洋气象服务手册》）根据第八次世界气象大会的决议颁布，旨在明确各成员在执行海洋气象服务方面的义务，促进海洋气象服务的国际协调合作，促进世界天气监测计划和海洋气象服务的合作。《海洋气象服务指南》（WMO-No. 471）为《海洋气象服务手册》（WMO-No. 558）提供支撑。两本书经修订后，以英文、法文、俄文和西班牙文四种语言进行了印发。中国气象局台风与海洋气象专家组海洋组专家主动承担了《海洋气象服务手册》和《海洋气象服务指南》的翻译工作，以此填补缺少中文版本的空白。

基于上述原因，我们对上述两书进行了翻译。感谢中国气象局预报与网络司、中央气象台、天津市气象局、福建省气象台、广东省气象局的大力支持。

全书涉及面广，内容较多，为保障翻译质量，译者、校者和审稿者对全书进行了多次通读和校对。限于译者的水平，错误和不妥之处在所难免，敬请批评指正。

译　者

2021 年 3 月

目　录

简　介

《海洋气象服务手册》的目的和范围

1.《海洋气象服务手册》(WMO-No. 558)根据第八次世界气象大会的决议颁布。

2. 本手册设计如下：

(a)明确各成员在执行海洋气象服务方面的义务；

(b)促进海洋气象服务的国际协调合作,尤其是国际海事组织(IMO)和世界气象组织(WMO)的全球气象海洋信息和警报服务(WWMIWS)发布工作；

(c)促进世界天气监测(WWW)计划和海洋气象服务的合作；

(d)确保上述(a)(b)和(c)项在操作和流程上的一致性和标准化。

3. 手册包括两卷,分别介绍全球领域和区域领域的问题。第一卷全球领域由七个部分组成,包含主要涉及成员方为公海、近海、沿岸和当地水域提供海洋气象服务国际义务的管制材料。如果国家海洋活动有任何其他义务,则应当按照当地管理和程序履行。

4. 管制材料根据 WMO/IOC 海洋学和海洋气象学联合技术委员会(JCOMM)和前海洋气象学委员会(CMM)的建议、区域协会的决议以及大会和执行理事会的决定来确定。

5. 手册第一卷——全球领域——作为《技术规范》[①](WMO-No. 49)的附件六,构成《技术规范》的一部分。它应与组成《技术规范》的三卷和其他附件一起阅读。

6. 手册的第二卷——区域领域——不属于《技术规范》的内容。

7. 成员方根据执行委员会、技术委员会和区域协会等的决定提供和实施各自的海洋气象服务。如果这些决定涉及技术性和规范性,将在适当的时候被记录在《技术规范》中。

8.《海洋气象服务手册》(WMO-No. 558)由《海洋气象服务指南》(WMO-No. 471)提供支撑。

---

① 也被称为《技术规则》。

附 录

9. 由于附录可以对某一主题用较长的篇幅详细介绍，故为了保证正文的流畅性，对于单个主题的规定使用附录形式进行展示。此外，附录还可以确定属于某一特定群体的具体责任范围，以促进正在进行的审查和更新过程。

通用条款

1. WMO 的《技术规范》(WMO-No. 49)一共分为三卷：

第一卷：一般气象标准和建议措施；

第二卷：国际航空气象服务；

第三卷：水文。

《技术规范》的目的

2.《技术规范》由世界气象大会根据《公约》第 8(d)条确定。

3. 规范制定的目的包括：

(a)促进成员方在气象和水文方面的合作；

(b)以最有效的方式满足国际气象和水文业务在各个领域的具体应用需求；

(c)确保在实现上述(a)和(b)项时，所采用的做法具有统一性，程序达到标准化。

规范的类型

4. 技术规范包括标准做法和程序以及推荐做法和程序。

5. 上述两类规范的定义如下：

(1)标准做法和程序

(a)各成员须遵守和履行的做法和程序；

(b)须具有《公约》第 9 条(b)所适用的技术决议中的需求情况；

(c)须始终以英文文本中"须"(shall)一字的用法来区分其含义，在阿拉伯文、中文、法文、俄文和西班牙文等文本中须使用相同含义的词来加以区分。

(2)推荐做法和程序

(a)须是敦促各成员遵守的做法和程序；

(b)须具有向成员方提出不适用《公约》第 9(b)条的建议权；

(c)须以英文文本中"应"(should)一字的用法来区分其含义(除大会决定另有规定外)，在阿拉伯文、中文、法文、俄文和西班牙文等文本中应使用相同含义的词来加以区分。

6. 根据上述定义，各成员方须尽最大努力执行标准做法和程序。按照大会第 9 条

(b)和通用条款第 128 条的规定,成员方计划应用标准做法和程序的技术规定时,须正式书面通知秘书长,除非有具体的特殊情况。成员方对标准做法和程序的执行程度有任何变化时,也须至少提前三个月正式通知秘书长,并告知该变化的生效日期。

7. 敦促各成员方遵守推荐做法和程序,但是不用将不遵守的情况通知秘书长,除非涉及第二卷所记录的做法和程序。

8. 为了区分各项条例的状况,如编辑按中所列,标准做法和程序与推荐做法和程序在排版上进行特殊标注加以说明(注:中文版未区分标注)。

附件和附录说明

9.《技术规范》(第一卷至第三卷)的下列附件也称为手册,分别独立出版,并载有具有标准和(或)推荐的做法与程序的规范材料。

附件 I 《国际云图》(WMO-No. 407)——云和其他气象要素的观测手册,涉及章节 1,2.1.1,2.1.4,2.1.5,2.2.2,2.3.1～2.3.10 的下级标题 1～4(例如,2.3.1.1,2.3.1.2 等),2.8.2,2.8.3,2.8.5,3.1,3.2 的定义(灰色阴影框内);

附件 II 《代码手册》(WMO-No. 306),第一卷;

附件 III 《全球通信系统手册》(WMO-No. 386);

附件 IV 《全球数据处理和预报系统手册》(WMO-No. 485);

附件 V 《全球观测系统手册》(WMO-No. 544),第一卷;

附件 VI 《海洋气象服务手册》(WMO-No. 558),第一卷;

附件 VII 《WMO 信息系统手册》(WMO-No. 1060);

附件 VIII 《WMO 全球综合观测系统手册》(WMO-No. 1160)。

这些附件(手册)根据大会决定制定,旨在促进其技术要求在特定领域的应用。附件可能包含标准的做法和程序,以及推荐的做法和程序。

10.《技术规范》中出现的附录或附件,具有与引用它们的规章制度相同的效力。

注释和附件说明

11. 某些注释(以"注"字样开始)被列入《技术规范》的目的是解释,例如,可以参考的相关 WMO 指南和出版物。这些注释不具备《技术规范》的效力。

12.《技术规范》可以包括附件,附件通常包含详细指南,这些指南与标准的、推荐的做法和程序有关。但是附件不具有和规章制度相同的效力。

更新《技术规范》及其附件(手册)

13. 随着气象学、水文学和相关技术的发展,以及气象学在实用水文学中的应用,必要时对《技术规范》进行更新。目前大会商定适用于《技术规范》的原则如下(这些原则为各组成机构,特别是技术委员会在处理与《技术规范》有关的事项时提供了指导):

(a)技术委员会不应建议一项规定成为标准做法,除非该规定得到绝大多数人的支持;

(b)技术条例应载有各成员关于执行有关规定的适当指示;

(c)未经有关技术委员会协商,不应对技术规范做出重大修改;

(d)成员或组成机构提交的任何《技术规范》修正案,应至少在提交大会前三个月通知所有成员。

14.《技术规范》的修正案通常由大会批准。

15. 如果建议修正案是由相关技术委员会的一个会议提出的,且新的规定需要在下次大会前生效使用,那么执行委员会将代表组织按照第14条(c)的规定依法批准修正案。相关的技术委员会对《技术规范》提出的修正案通常由执行委员会核准。

16. 如果相关的技术委员会提出了修订建议,而修订的条例又十分迫切需要实施,则本组织的主席可代表执行委员会按照总条例第9条(5)的规定予以批准。

注:对附件Ⅱ(《代码手册》(WMO-No. 306)),附件Ⅲ(《全球通信系统手册》(WMO-No. 386)),附件Ⅳ(《全球数据处理和预报系统手册》(WMO-No. 485)),附件Ⅴ(《全球观测系统手册》(WMO-No. 544)),附件Ⅶ《WMO信息系统手册》(WMO-No. 1060))和附件Ⅷ(《WMO全球综合观测系统手册》(WMO-No. 1160))中技术规范的修改可以通过简单(快速通道)的程序实现。这些附件定义了简单(快速通道)程序的应用。

17. 每届大会会议(四年一次)结束后,就会发布新版本的《技术规范》,包括经大会批准的修正案。关于大会期间的修正案,必要时,经执行委员会批准修改后,对《技术规范》的第一卷和第三卷进行更新。因行政会议核准修订而更新的《技术规范》,被视为现行的最新版本。第二卷的材料是WMO和国际民用航空组织根据两个组织商定的工作安排密切合作编写的。为了确保《国际民用航空公约-国际航空气象服务》第二卷与附件Ⅲ之间的一致性,国际民用航空组织对第二卷的修订与对附件Ⅲ的相应修订同步印发。

注:版本按各自大会届会的年份确定,更新版本按执行委员会批准的年份确定,例如"2012更新"。

WMO 指南

18. 除了《技术规范》，适当的指南也由本组织出版。它们说明了各成员在制定和执行、遵守技术规定的安排以及在各自国家发展气象和水文服务时应遵守或执行的做法、程序和规格。本手册的指南根据科学和技术在水文气象、气候学及其应用的需要进行了必要的更新。技术委员会负责筛选列入指南的材料。本手册的指南及其后续修订须由执行委员会审议。

修订海洋气象服务手册和指南的流程

通用批准和实施程序

1.《海洋气象服务手册》(WMO-No. 558)和《海洋气象服务指南》(WMO-No. 471)的修订必须以书面形式提交给 WMO 秘书处。提案须明确需求、目的和要求,并包括技术事项联络点的信息。

2. WMO/IOC 海洋学和海洋气象学联合技术委员会为国际海事组织 IMO/WMO 全球气象海洋信息和警报服务(WWMIWS)和几个专家小组成立了一个委员会。在 WMO 秘书处的支持下,WWMIWS 委员会须确认任何更改(除非是 WMO 技术要求的修正),并酌情制定建议草案来应对这些更改。

3. WWMIWS 委员会负责统筹《海洋气象服务手册》《海洋气象服务指南》的资料。具体内容分工如下:

(a)WWMIWS 负责各方面的海洋气象服务,但下列(b)至(e)项所列的除外;

(b)海洋气候学专家小组(ETMC)负责提供有关海洋气候学的意见和内容;

(c)海冰专家小组(ETSI)负责就海冰问题提供咨询意见和内容;

(d)减灾风险专家小组(ETDRR)负责就海洋状况和沿岸灾害提供咨询意见和内容;

(e)海洋预报业务系统专家小组(ETOOFS)负责就海洋服务提供咨询意见和内容。

4. 任何草案必须得到该方案领域协调小组的审核确认。实施日期应由 WWMIWS 委员会与专家小组协调确定,以便让 WMO 成员有足够的时间在通知日期后实施修订方案。如果建议期限少于三个月,WWMIWS 委员会应提供理由。

5.《技术规范》(WMO-No. 49)概述了批准修订方案的程序,参见第一卷的通用条款第 15 和 16 节。为便于参考,介绍本手册之后再说明通用条款。

6.《海洋气象服务手册》和《海洋气象服务指南》经修订后,须以英文、法文、俄文和西班牙文四种语言印发更新版本。WMO 秘书处将在有新的更新时通知所有成员。

海洋气象服务的目的和组织

1. 海洋气象服务的目的是在技术可能的范围内,向海上或沿岸的海洋用户提供所需的海洋气象和相关的地球物理信息。

2. 组织海洋气象服务,利用适当的传播方式,在可能的范围内向海事用户提供安全航行和高效率作业所需的气象和相关海洋信息(警报、预报、海图、专家意见和气候数据)。各服务处须以连贯一致的方式履行指导和培训职能。

3. 海洋气象服务包括下列各项:

(a)向公海提供服务,特别是要支持世界气象组织全球气象海洋信息和警报服务(WWMIWS);

(b)沿岸、离岸和本地水域的服务;

(c)为搜寻和救援提供支援服务;

(d)向 IMO/国际水文组织(IHO)的全球航行警报服务(WWNWS)提供支持;

(e)海洋环境的应急支持服务;

(f)海洋气候学服务;

(g)海洋气象学培训。

海洋气象服务原则

原则 1

4. 提供海洋气象服务,以满足国际公约和国家有关海洋作业的惯例对海洋环境条件和现象信息的要求。

原则 2

5. 海洋气象服务的目的,须是为了海洋作业的安全,并在可能的情况下提高海洋活动的效率和效益。

原则 3

6. 海洋气象服务须包括对气象和有关海洋信息的使用和解释的指导。

全球气象海洋信息和警报服务

7. 传播国际协调一致的气象信息、预报和警报服务(不完全适用于国家服务)须采用国际标准。

注：

（1）WWMIWS 提供这些国际标准。

（2）WWMIWS 和 WWNWS 的定义见《IMO/IHO/WMO 海上安全信息联合手册》。

（3）2011 年，国际海事组织通过了第 A.1051(27)号决议。决议包括以下内容：

① 发行服务；

② 准备服务；

③ METAREA 协调员的作用和责任；

④ 传播条件；

⑤ 公海提供服务的要求。

（4）发布服务和准备服务的角色和职责在《IMO/IHO/WMO 海上安全信息联合手册》中有明确规定。

（5）METAREA 协调员的角色和职责在附录 1.2 中列出。

职责领域

8. 负责责任海区（AORs）内警报、天气和海洋公报的编制和发布，须按照附录 1.1(附图 1.1.1)的规定通过 WWMIWS 发布。

注：

（1）附录 1.1 中给出的 AOR 由 WMO 海洋气象学和海洋学计划(MMOP)审查，以确保区域覆盖完整和服务到位。

（2）广播分区可在增强分组呼叫(ECC)电文的文本中细分为多个分区，以满足有关的国家气象水文部门(NMHS)要求。

（3）附录 1.1 中定义的 AOR 代表了发布和准备服务的最低要求。在满足国家要求的情况下，警报和预报服务可以将警报、天气和海洋公报的准备和发布范围扩大到这些区域之外。在这种情况下，应在每个广播的文本中确定覆盖范围。

9. 当预报区域的相邻 METAREA 重叠时，各自的发布成员应当：

（a）开始重新定义为邻近 METAREA 服务的国家所适用的分区，以符合 METAREA 的限制；

（b）协调他们在这些重叠区的预报和警报，以尽可能避免向用户传递互相冲突的信息。

10. 任何关于改变某一地区成员职责的建议，均须得到 WMO 执行委员会的批准，并须遵循附录 1.3 中概述的程序。

11. 在就拟议修正案提出的任何建议提交给执行委员会之前，须确保 JCOMM 收到拟议修正案直接有关成员的意见,以及相关区域协会主席的意见。

12. 凡负责制作或发布某一地区的警报、天气和海洋公报的成员不能再提供这项服务时,应在预定终止日期前至少六个月通知秘书长。

广播时间表的协调

13. 关于例行预报的广播时间表和公报内容的信息须通知 WMO 秘书处,以便纳入《天气报告》(WMO-No. 9)的 D 卷航运信息。

14. 信息的传播须符合国际标准。

注:IMO 的《国际安全网络手册》和《NAVTEX 手册》规定了国际标准。

15. 对所有 METARES 和为该地区服务的地面观测站,须编制这些公报的发布时间表。该表至少须包括 WMO 现有的用于观测、数据分析和预报制作的要素,还可以包括其他要素。

16. 由于 WWMIWS 的广播时间表必须在 WMO 的支持下与其他组织进行协调,因此,会员不应单独更改或要求 WMO 安排频繁更改这些协调发布的时间表。

观测网和数据管理的协调

17. 须采用以下框架对观测网的协调和观测数据进行管理:

(a)全球观测系统;

(b)志愿观测计划;

(c)船舶随机观测计划。

18.《全球观测系统手册》(WMO-No. 544)第一卷——全球领域,具体规定了志愿观测船舶和海洋观测网的观测标准。

19.《全球观测系统手册》(WMO-No. 544)第一卷——全球领域,规定了港口气象船长服务。

第一部分　公海服务

1　总述

1.1　公海海洋气象服务（MMS）是国际海事组织（IMO）/世界气象组织（WMO）通过全球海上遇险和安全系统（GMDSS）向船舶海上生命安全公约（SOLAS）发送的全球气象海洋信息和警报服务（WWMIWS）的一部分。

注：用于公海的服务主要是为 GMDSS 下的 A3 和 A4 海域而设计的（见《IMO/IHO/ WMO 海上安全信息联合手册》）。

1.2　公海海洋气象服务须提供：

（a）气象警报；

（b）海洋预报；

（c）海冰信息服务。

1.3　各成员须按照 GMDSS 总体计划，在认可的卫星服务供应平台和航行警报电传系统（NAVTEX）上发布气象服务。各成员应当利用海上无线电频率（例如中频 MF、高频 HF、甚高频 VHF）或高频窄带直接打印电报（HF NBDP）专为在该地区航行的船舶提供气象服务。

2　为公海提供气象服务

2.1　规则

为公海编制和发布海洋气象服务的规则如下：

规则 1：为编制和发布气象警报、海洋预报和海冰信息服务，须将海洋划分为各成员责任海区。

规则 2：全部责任海区（AOR）须全面覆盖各大洋并提供海洋气象服务。

规则 3：在未受 NAVTEX 覆盖的地区，须由认可的卫星服务供应平台或 HF NBDP 提供海洋气象服务，以接收符合国际标准的海上安全信息。

注：认可的国际标准指国际海上生命安全公约（SOLAS）第Ⅳ章——无线电通信。

规则 4：对指定 AOR 的海洋气象服务的编制和发布，须按照"海洋气象服务的宗旨和组织"所述的程序进行调整。

规则 5：须通过收集海洋气象服务使用者的意见和建议，监督海洋气象服务规定的效率和效力。

规则6:气象海上安全信息广播须受到监控,以确保广播的准确性和完整性。

2.2 规程

总述

2.2.1 用海上无线电广播的所有海洋气象服务应在开始时使用无线电呼叫术语"SECURITE"(安全警报)。

2.2.2 须包含相关气象区域(METAREA)明确识别的信息以及签发处。

注:例如"法国气象局发布的第Ⅱ气象区 海洋天气报告"。

2.2.3 各成员须确保气象产品的广播符合国际标准。

注:在 IMO《国际安全网络手册》和《NAVTEX手册》中可以查到这些国际标准,也可以从 JCOMM 服务网站获得。

2.2.4 所有海洋气象服务须使用通俗语言或使用附录1.4所列的公认缩写。

2.2.5 在 NAVTEX 上进行广播的海洋气象信息,须使用附录1.4中所列的公认缩写,但是警报须使用简明易懂的英语来表达。

2.2.6 为 WWMIWS 提供的海洋气象服务须以英文广播。

注:此外,如果成员希望发布警报和预报以履行 SOLAS 公约规定的国家义务,可以额外使用其他语言广播。这些广播将成为国家服务的一部分。

2.2.7 海洋气象服务中使用的术语应符合《海洋气象服务指南》(WMO-No.471)附录Ⅱ的多语种术语表。

2.2.8 风向须以罗盘上方位点而不是度数表示。

2.2.9 风速以节或米/秒表示。信息正文中须使用"节"或"米/秒"等字样。

2.2.10 风力须用蒲福风力等级表示。

注:风力的蒲福风力等级标准可参考蒲福风级表。

2.2.11 浪高、浪涌或总波高须以米、英尺或道格拉斯标度浪级表示。如果使用米或英尺,其单位须在电文正文中提及。

注:波高值的定义为《波分析预报指南》(WMO-No.702)中的显著波高。

为公海编制和发布海洋预报

2.2.12 公海海洋预报须按次序包括下列项目:

第Ⅰ部分:警报;

第Ⅱ部分:主要特征概要;

第Ⅲ部分:预报。

各成员方应将海冰服务作为公海预报的一部分或单独的公报发布。

2.2.13 各成员须确定修订和更新预报的标准。

2.2.14 这些标准应优先关注标准警报阈值,并应酌情考虑国家需求。

2.2.15 每天至少须在预定时间编制和发布两次海上预报。

2.2.16 预报时效至少 24 小时。

2.2.17 时效须以预报发布之时起的小时数表示,或以时段开始和结束的日期和时间的世界时(UTC)表示。

第Ⅰ部分:警报

2.2.18 第Ⅰ部分须包括为该地区发布的当前警报的标识符。该标识符须采用独一无二的编号或警报名来表示,或包括警报的相关内容。

注:更多警报内容的编制和发布要求见下文 2.2.35～2.2.48。

2.2.19 当使用标识符选项时,应提供有关发布时间和地区坐标的附加信息。

2.2.20 如果当前无警报,须在第Ⅰ部分进行说明。

注:例如"警报:无"。

2.2.21 当警报包含超过一个气压扰动或系统时,这些系统应按其威胁性降序进行描述。

第Ⅱ部分:主要特征概要

2.2.22 天气和海洋报告第Ⅱ部分的概要须按照顺序包括以下内容:

(a)日期和时间应采用 UTC;

(b)地面天气图的主要特征概述;

(c)重要气压系统和热带扰动的移动方向和速度。

2.2.23 应说明在预报或临近时效内,影响或预计会影响该地区的重要低压系统及热带扰动。应给出每个系统的中心气压和/或强度、位置、运动和强度变化。当有助厘清天气情况时,应包括重要锋面和槽的位置。

2.2.24 重要气压系统和热带扰动的移动方向和速度应以罗盘方位点、米/秒或节表示。

2.2.25 须标明用于系统移动速度的单位。

第Ⅲ部分:预报

2.2.26 在天气和海洋报告第Ⅲ部分所作的预报,须按次序包括下列各项:

(1)预报时效。

(2)预报区域或主要气象系统范围内的地区名称或番号。

(3)描述:

① 风速或风力,以及风向;

② 海况(显著波高、总海浪和涌浪情况);

③ 能见度,当预报低于 6 海里(10 km)时。

2.2.27 预报应包括预报期间的预期显著变化和重要水汽现象,如冻雨、降雪或降雨。

2.2.28 展望部分应包括突出的预期天气系统与强风及以上风速。展望应指出所包含的超出预报时效的时间段。

2.2.29　能见度须以描述性文字、海里或公里表示。

2.2.30　应使用下列描述性术语：

非常差：不到 0.5 海里；

差：0.5 至 2 海里；

中：2 至 5 海里；

好*：大于 5 海里(*指代为非强制性)。

注：本手册是关于能见度的描述性术语的权威来源。

发布海冰信息

2.2.31　各成员须在冰况对航行构成危险的地方提供海冰和冰山的冰缘线信息。

2.2.32　各成员应提供包括海冰密度和发展阶段的信息。如有可能，还可包括其他资料，例如冰压、浮冰大小。

2.2.33　对一切已知海冰或冰山的冰缘线，须用经纬度坐标加以说明，并给出相对于该冰缘线的海冰或冰山位置。

2.2.34　海冰和冰山的术语须符合标准。

注：这些标准由 WMO《海冰命名法》(WMO-No. 259)规定。

警报内容的编制和发布

2.2.35　各成员须提供适合纳入公海预报产品第Ⅰ部分的警报内容，或作为独立产品以广播的形式发布，而不用考虑公海预报的预定时间。

2.2.36　对下列现象须提供警报：

(a)大风(蒲福风力 8 级)及以上；

(b)积冰。

2.2.37　对下列现象应考虑提供警报：

(a)不寻常和危险的海冰情况；

(b)危险的海况。

2.2.38　警报须依次包含以下几项：

(a)警报类型和严重程度；

(b)UTC 的签发日期和时间；

(c)按经纬度或参考已知地标确定的扰动位置；

(d)受影响地区范围；

(e)灾害性天气特征描述。

2.2.39　警报须尽可能简短、清楚且完整。

2.2.40　警报须在天气尺度系统预期影响前至少 18 小时发出并立即广播。

2.2.41　警报须在需要时随时更新并立即广播。

2.2.42　警报须持续有效直到修正或解除。

作为单独产品发出的大风警报规程

2.2.43　大风(蒲福风力 8 级)及其以上等级须发出警报。

2.2.44　大风警报的严重级别可分为以下几类:

(a)大风(蒲福风力 8 级或 9 级);

(b)狂风(蒲福风力 10 级或 11 级);

(c)飓风(蒲福风力 12 级及其以上)。

2.2.45　大风及其以上警报应包括以下附加内容:

(a)扰动类型(如低压、台风、锋面),并说明中心气压强度,单位:百帕(hPa)。

(b)相关的热带气旋名称。

(c)扰动的移动方向和速度。

(d)受影响地区的风速/风力,以及风向。

(e)受影响地区的海况和浪涌。

(f)其他有效信息,如扰动未来位置的指示信息。

积冰警报规程

2.2.46　各成员须对存在潜在危险的积冰发出警报。

2.2.47　在各成员的积冰警报中,应包含船舶上部结构的冰沉积速率。

海冰相关的警报规程

2.2.48　各成员应就强大冰压和其他危险的海冰状况发出警报。

注:包含冰山信息的警报可以通过 NAVAREA 全球航行警报服务(WWNWS)发出。更多信息见第四部分。

2.3　提供图像预报信息

总述

2.3.1　提供电子导航传输的成员须有能力向海洋用户提供用于船舶导航系统上显示的全面海洋环境信息。此外,他们须使船员能够将预报和风险数据叠加在船舶的电子海图显示和信息系统(ECDIS)中的图表、路线图和其他 S-10x 数据集上。

2.3.2　提供无线电传真传输的成员须有能力向海洋用户提供图文并茂的全面海洋环境信息。

无线电传真规程

2.3.3　各成员应公布并向海事用户提供一份传输时间表,说明传输时间、无线电频率和所涵盖的范围。

2.3.4　各成员须将时间表的变化通知 WMO 秘书处。

注:秘书处将把它们列入《天气报告》(WMO-No.9)D 卷——世界航运和《世界海冰信息服务》(WMO-No.574)。

2.3.5　各成员应酌情使用下列投影:

(a)纬度 60°标准平行线球体切面上的球面投影;

(b)兰伯特正形圆锥投影,锥体切割球面在纬度 10°和 40°,或纬度 30°和 60°标准平行线上;

(c)在纬度 22.5°的墨卡托投影;

(d)极坐标投影,推荐主轴为子午线 0°,45°E/W,90°E/W,180°。

2.3.6 各成员应在每张图上提供投影名称,标准平行线的尺度和其他纬度的尺度。

2.3.7 各成员应考虑线宽、间距、文字及符号的选择等方面的问题,以确保传真发送的图表清晰。

2.3.8 各成员应在每张图文传真上附上图例,应包括以下信息:

(a)发布气象预报的中心名称;

(b)给出的气象海洋参数的标题;

(c)在地图上显示的参数单位;

(d)特殊符号或等值线。

2.3.9 各成员应使用《全球数据处理和预报系统手册》(WMO-No.485)中的符号编制图表。

2.3.10 虽然个别成员可以使用其他符号进行专门描述,但这些符号不应与《全球数据处理和预报系统手册》(WMO-No.485)中给出的符号冲突。

2.3.11 各成员应使用符号、矢量或网格格式制作海冰信息图。

注:《海冰命名法》(WMO-No.259)第Ⅲ卷——国际海冰符号系统和《SIGRID-3:海冰图矢量档案格式》(WMO/TD-No.1214)规定了海冰信息的格式。

电子导航显示规程

2.3.12 所提供的信息须采用兼容格式。

注:信息必须符合 WMO/IHO 的 S-411 和 S-412 格式要求。这些格式由 WMO/IHO 的气象-海洋特征目录或 IHO 持有的 WMO 冰体特征目录所定义。

附录 1.1　气象部门和指定的国家气象水文部门为全球气象海洋信息和警报提供服务的区域

全球气象海洋信息和警报服务区域坐标

区域Ⅰ：北大西洋 35°W 以东，48°27′N 至 75°N，包括北海和波罗的海的次海区域。

区域Ⅱ：大西洋水域 35°W 以东，7°N 至 48°27′N，以及 20°W 以东 7°N 至 6°S，包括直布罗陀海峡。

区域Ⅲ：直布罗陀海峡以东的地中海和黑海。

区域Ⅳ：北大西洋西部北美海岸以东至 35°W，7°N 至 67°N，包括墨西哥湾、加勒比海和哈德森湾附近，从苏里南东海岸边界至 7°N 和 35°W。

区域Ⅴ：大西洋水域以巴西海岸为界，平行于 7°N 和 35°50′S，经度 20°W，与法属圭亚那和乌拉圭接壤的巴西合法水域为界。

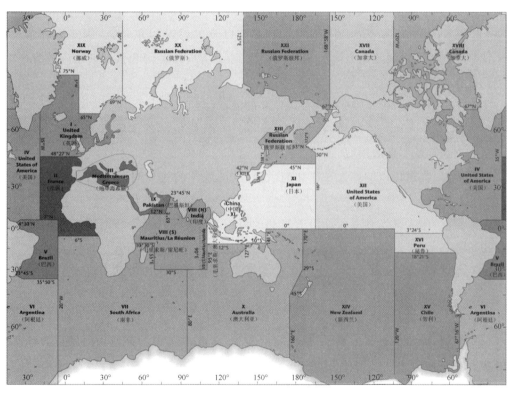

附图 1.1.1　气象区域边界

区域Ⅵ：35°50′S 以南的南大西洋和南大洋，从 20°W 到好望角的经度 67°16′W，包括乌拉圭/巴西边境的沿海地带 33°45′S。

区域Ⅶ：6°S 以南的南大西洋和南大洋，从 20°W 到非洲海岸，直至向南到达好望角,从好望角的 55°E 和 10°30′S 以南的南印度洋、南大洋,以及 30°S 以南到 80°E。

区域Ⅷ(N): 印度洋的区域是从印度/巴基斯坦边界 23°45′N 68°E 到 12°N 63°E,再到加德菲海角,从东非海岸向南至赤道,再到 95°E6°N,再到东北至缅甸/泰国边界,到 10°N 98°30′E。

区域Ⅷ(S): 东非海岸从赤道向南到 10°30′S,再到 55°E 30°S,再到 95°E,直到赤道和东非海岸。

区域Ⅸ: 红海,亚丁湾,阿拉伯海和波斯湾,区域Ⅷ的北部。

区域Ⅹ: 80°E 以东的南印度洋和南大洋,以及 30°S 以南,到 95°E 12°S,到 127°E;再到帝汶海,10°S 以南的南太平洋和南大洋到 141°E;从赤道到 170°E 29°S,再到西南方向的 45°S 160°E,再到 160°E 的子午线。

区域Ⅺ: 印度洋,南海和区域Ⅹ以北的北太平洋,以及从赤道到经度 180°,区域Ⅷ和亚洲大陆的东部,到朝鲜半岛和俄罗斯边境 42°30′N 130°E,然后再到 135°E,向东北到 45°N 138°20′E,再到 45°N,经度 180°。

区域Ⅻ: 太平洋东部,北美和南美的西海岸以及 120°W 以东,从 3°24′S 到赤道,再到 180°,到 50°N 再到西北方向的 53°N 172°E,东北方向沿美国和俄罗斯之间的海洋边界水域至 67°N。

区域ⅩⅢ: 从 42°30′N 130°E 这条线以北的海域,到 135°E,东北到 45°N 138°20′E,到 45°N180°,然后到 50°N,再到西北方向 53°N172°E,然后沿着国际日期变更线到 67°N,然后向西到俄罗斯海岸线。

区域ⅩⅣ: 赤道以南的南太平洋和南大洋,从区域Ⅹ的边界向西,北部为区域Ⅻ,东部为区域ⅩⅤ。

区域ⅩⅤ: 南太平洋和南大洋沿着智利的海岸 18°21′S 以南到好望角经度 67°16′W 到 120°W。

区域ⅩⅥ: 18°21′S 和 3°24′S 之间的南太平洋,从秘鲁海岸边界到 120°W。

区域ⅩⅦ: 北冰洋上以 67°N 168°58′W 到 90°N 168°58′W,90°N 120°W 向南至加拿大海岸线沿 120°W 为界。

区域ⅩⅧ: 北冰洋沿 120°W 加拿大海岸线到 90°N 120°W,,再到 90°N 35°W,67°N 35°W。

区域ⅩⅨ: 从 65°N 挪威海岸线到 65°N 5°W,75°N 5°W,向西到格陵兰海岸线;从挪威和俄罗斯之间的边界(内陆)到 69°47′68″N 30°49′16″E,69°58′48″N 31°06′24″E,70°22′N 31°43′E,71°N 30°E;从坐标 71°N 30°E 再向北沿 30°E 到 90°N 30°E,90°N 35°W,向南沿 35°W 到格陵兰海岸线。

区域ⅩⅩ: 从挪威和俄罗斯之间的边界(内陆)到 69°47′68″N 30°49′16″E,69°58′48″N

31°6′24″E,70°22′N 31°43′E,71°N 30°E;从坐标 71°N 30°E 沿着 30°E 向北到 90°N 30°E,90°N 125°E,向南沿到 125°E 的俄罗斯海岸线。

区域Ⅻ:从 125°E 俄罗斯海岸线沿着 125°E 向北到 90°N,然后再到 168°58′W,沿着 168°58′W 向南到 67°N,沿着 67°N 纬度线向西到俄罗斯海岸线。

附录1.2 气象区域(METAREA)协调员的职责范围

国际海事组织大会第 A.1051(27)号决议- IMO/ WMO 全球气象海洋信息和警报服务指导文件对气象区域协调员的作用和职责做了以下说明。

关于资源,METAREA 协调员应具有:

(a)NMHSs 的专业知识和信息来源;

(b)与 METAREA 内的 NMHSs、其他 METAREA 协调员以及其他数据提供者的有效通信手段,如电话、电子邮件、传真和互联网络。

关于职责,METAREA 协调员必须做到:

(a)在 METAREA 内作为有关气象信息和警报事宜的中心联络点;

(b)促进和监督在 METAREA 传播气象信息和警报方面使用既定的国际标准和规范;

(c)在正式申请之前,协调与邻近成员之间寻求建立和经营 NAVTEX 服务的初步讨论;

(d)协调在 WMO 信息系统(WIS)上发布气象公报,并确保安全网和海上安全信息(MSI)在法国气象局主持的 WWMIWS 网站上正确显示;

(e)与负责海事安全、海事通信、港务局和其他有关海事责任的实体联系,以便有效利用气象信息和警报服务;

(f)作为 WMO 在提供服务框架下实施战略举措的协调点,落实包括检验、质量控制、海洋预报员能力架构和应变能力活动;

(g)负责维护海洋气象服务的细节和海洋通信相关的国际服务文档,如《天气报告》(WMO-No.9)D 卷——航运信息,英国水文局(UKHO)海事无线电信号名单,IMO 全球海上遇险和安全系统(GMDSS)总体规划;

(h)通过出席和参加全球气象海洋信息和警报服务委员会会议,协助制订国际标准和规范,在适当和必要情况下,出席和参加相关的 IMO、IHO 和 WMO 会议。

METAREA 协调员还必须确保在他/她的 METAREA 内,作为发布服务的 NMHSs 有能力做到:

(a)根据《海洋气象服务手册》(WMO-No.558)的指导,选择可供广播的气象信息和警报;

(b)根据《海洋气象服务指南》(WMO-No.471)的最新版本,了解和监测用户需求变化;

(c)监控在其 METAREA 内由发布中心广播的公报安全网络传输。

METAREA 协调员必须进一步确保其 METAREA 内的 NMHS 作为准备中心有能力做到:

（a）了解或收集有关在其负责区域内可能严重影响航行安全的所有气象事件的资料；

（b）在收到所有气象资料后，立即根据专业知识对其职责范围内与航行有关的气象信息进行评估；

（c）利用尽可能迅速的手段，将可能需要更广泛传播的海洋气象资料直接分发给邻近的 METAREA 协调员和其他合适的对象；

（d）确保提供《海洋气象服务手册》（WMO-No.558）所列的所有气象警报主题范围的资料，在其职责范围内如果需要 METAREA 警报，能够立即转发给受气象事件影响的相关 NMHS 和 METAREA 协调员；

（e）了解和监测用户需求的变化，以更新《海洋气象服务指南》（WMO-No.471）；

（f）维护其职责范围内与气象信息和警报报文有关的源数据记录。

附录1.3 全球气象海洋信息和警报服务的指定发布或准备业务

本附录介绍了评估成员加入全球气象海洋信息和警报服务(WWMIWS)作为安全网上播报的发布服务或准备服务的决策过程(附图1.3.1)。该决策过程旨在最大限度减少对现有服务体系的影响。作为WMO全球数据处理和预报系统(GDPFS)框架的一部分,全球气象海洋信息和警报服务提供者具有区域专业气象中心(RSMC)的地位。

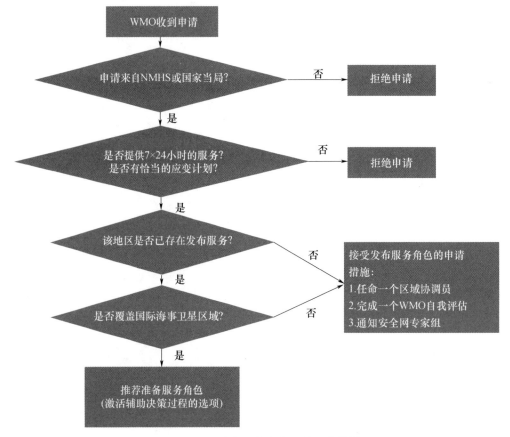

附图1.3.1 安全网络角色的辅助决策树

规则

1. 全球气象海洋信息和警报服务为每个METAREA提供一次发布服务,只有特殊情况时才针对下述情况提供额外的发布服务:

(a)避免对同一地区重复的预报;

(b)维持现有发布预报服务的效率;

(c)遵守IMO《国际安全网手册》所概述的规定。

2. 全球气象海洋信息和警报服务为每个METAREA提供最低限度的准备服

务,以确保在安全网上发布项目的有效制作。

方法

决策 1:如果申请来自 NMHS 或国家权威机构,则可继续申请;如果不是,则拒绝。

决策 2:如果决策 1 下的答案为"是",则检查成员的操作是否满足以下条件:

(a)提供 7×24 小时的服务;

(b)该成员有制作和发布公报的恰当应急计划,如果没有,拒绝。

决策 3:如果没有发布服务(或者需要更换),接受申请(发行费用必须由申请会员承担)。

措施:

(a)成员应指定一名 METAREA 协调员;

(b)成员应完成 WMO 自我评价;

(c)WMO 应通知安全网专家组。

决策 4:如果 METAREA 有发行服务,请考虑是否已经覆盖国际海事卫星区域。

如果区域不覆盖国际海事卫星区域,接受提交的意见。如果已经覆盖,建议提供准备服务。

如果 NMHS 不希望使用准备服务选项,请考虑以下辅助决策过程(附图 1.3.2):

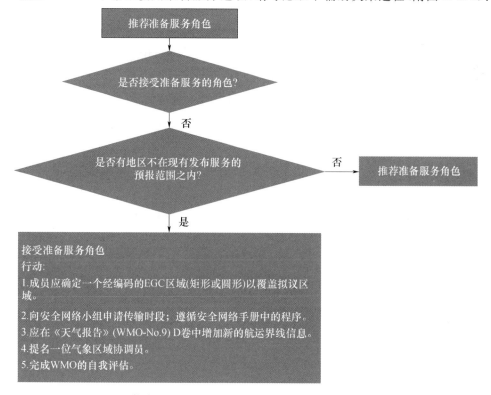

附图 1.3.2 安全网络角色的应用程序决策树

如果拟议的公海区域预报可以被排除在发布服务制作的现有预报范围外（如，该地区的南部地区，而不是更大区域内的小区域，因此预报员不需要考虑不同的地理区域），那么可以执行决策 3，继续考虑发布服务的申请。

协议要求：

（a）成员应与现有的发布服务就预报地区变化达成协议；

（b）成员应与发布服务就传播成本责任达成协议。

行动：

（a）成员应确定一个经编码的 EGC 区域（矩形或圆形）以覆盖拟议区域；

（b）WMO 应向安全网络专家组申请传输时段；

（c）WMO 应在《天气报告》（WMO-No.9）D 卷中增加新的航运界线信息；

（d）WMO 和成员应遵守 IMO《国际安全网手册》所规定的程序；

（e）成员应制订备份安排；

（f）成员应提名一位 METAREA 协调员；

（g）成员应完成 WMO 自我评估。

如果不存在该区域，应推荐准备服务。

管理

各成员应使用以下电子邮件地址向 WWMIWS 委员会主席提交申请：mmo@wmo.int。评估和最后决策程序遵循 GDPFS 中心的规程。

责任

（a）WWMIWS 委员会主席：参照决议流程图评估申请中提供的信息，向 WMO 执行理事会/代表大会提出建议。

（b）WMO 执行委员会/代表大会：就发布服务或准备服务的建议作出最后决定。

（c）安全网专家组：根据 WMO 的建议，递送安全网发布服务的证书。

申请过程

申请将由 WWMIWS 委员会主席评审和评估。评审过程一般需要几周时间，并定期向成员通报进展情况。

有关决定将以书面形式通知申请人。决定包括评估细节，以及在 WWMIWS 或者 NMHS 结构内实施的建议。

附录 1.4 国际航行警报电传系统(NAVTEX)常用缩写

缩写(一般描述性术语)	中文
24-HR(24-hour)	24 小时
BACK(Backing)	逆转
BECMG(Becoming)	形成
BZ(Blizzard)	暴风雪
BLDN(Building)	建筑物
CSTL(Coastal)	海岸带
C-FRONT or CFNT(Cold front)	冷锋
DECR(Decreasing)	减弱
DPN(Deepening)	加深
E(East or easterly)	东风或东向的
EXP(Expected)	预计
FT(Feet)	英尺
FLN(Filling)	填充
FG(Fog)	雾
FLW(Following)	下列的
FCST(Forecast)	预报
FRZ-SPR(Freezing spray)	冷冻喷雾
FRQ(Frequent/frequency)	频繁的
FM(From)	从
TEND(Further outlooks or tending)	倾向
HL(Hail)	冰雹
HVY(Heavy)	严重的
HPA(Hectopascal)	百帕
HURR(Hurricane)	飓风
IMPR(Improving/improve)	转好
INCR(Increasing)	增强
INTSF(Intensity/intensity)	强度
ISOL(Isolated)	隔离的,孤立的
KMH(Kilometres per hour)	千米/时
KT(Knots)	节
LAT/LONG(Latitude/longitude)	纬度/经度
LGT(Light)	轻的
LOC(Locally)	局部性地

缩写（一般描述性术语）	中文
MSL(Mean sea level)	平均海平面
MET(Meteo)	气压计
M(Metres)	米
M/S(Metres per second)	米/秒
MB(Millibar)	毫巴
MOD(Moderate)	中等的
MOV or MVG(Moving/move)	移动
NM(Nautical miles)	海里
NAV(Navigation/navigational)	航海/航海的
NR(Near)	近的
NXT(Next)	下一个
NC(No change)	没有变化
NOSIC(No significant change)	没有显著变化
N(North or northerly)	北风或北向的
NE(North-east or north-easterly)	东北风或东北向的
NW(North-west or north-westerly)	西北风或西北向的
OCNL(Occasionally(at times))	有时
O-FRONT or OFNT(Occlusion front)	锢囚锋
OUT-EDGE(Outside the ice edge)	冰外缘线
OVR-OW(Over open water)	在开放水域
QSTNR(Quasi-stationary)	准静止
QCKY(Quickly)	急速的
RN(Rain)	雨
RPDY(Rapidly)	快速的
RSK(Risk)	风险
SCT(Scattered)	零星的
SEV or SVR(Severe)	严重的
SHWRS or SH(Showers)	阵雨
SLGT or SLT(Slight)	轻浪
SLWY(Slowly)	缓慢的
S(South or southerly)	南风或南向的
SE(South-east or south-easterly)	东南风或东南向的
SW(South-west or south-westerly)	西南风或西南向的
STNR(Stationary)	静止
STRM(Storm)	暴雨

缩写(一般描述性术语)	中文
STRG(Strong)	强的
TEMPO(Temporarily/temporary)	临时
TSTM(Thunderstorm)	雷暴
TROP-STRM(Tropical Storm)	热带风暴
AT(Used for @ in email addresses)	(用于电子邮件地址中的)@
VLD(Valid)	有效的
VRB(Variable)	变量
VEER(Veering)	转向
VIS(Visibility)	能见度
W-FRONT or WFNT(Warm Front)	暖锋
WARN(Warning)	警报
WKN(Weakening)	弱化
W(West or westerly)	西风或西向的

注：

1. 在 NAVTEX 服务广播的气象内容中使用上述缩写,可使公告的长度缩短 6%～8%,传输时间缩短 20% 以上。

2. 只要有可能,"预期"和"纬度/经度"都在信息中被省略。

3. 请记住,警报须使用简单的英语。

NAVTEX 有关海冰类型的缩写

总则

1. 有关海冰类型的缩写须包括两部分:第一部分须表明海冰密度,第二部分须表明海冰的厚度或发展阶段。

密度

2. 密度缩写须以十分之一或冰的数量表示。附表 1.4.1 中用两个字符的缩写描述密度。

附表 1.4.1 海冰密度

缩写	描述
1T	1/10(1 tenth)
2T	2/10(2 tenths)
3T	3/10(3 tenths)
4T	4/10(4 tenths)
5T	5/10(5 tenths)
6T	6/10(6 tenths)

缩写	描述
7T	7/10(7 tenths)
8T	8/10(8 tenths)
9T	9/10(9 tenths)
+T;9+	9+/10(9+ tenths)
XT	10/10(X 为罗马数字 10,10 tenths)
BW	冰块群的水面(bergy water)
OW	无冰水面(open water(less than 1/10))
VO	极稀疏冰(very open ice)
OP	稀疏冰(open ice)
CL	密集流冰(close ice)
VC	极密集流冰(very close ice)
CO	密实或固结冰(compact or consolidated ice)
FI	坚固冰(fast ice)

海冰厚度和发展阶段

3. 海冰厚度应以厘米为单位或以发展阶段来表示。当给定范围时,单个厚度应至少由两位数字表示,例如 05～10 厘米,30～50 厘米。

4. 海冰发展的所有阶段都以两个字符的缩写表示(附表 1.4.2),但湖冰须使用三个字符的缩写。

注:在 GT80 cm 中也可以使用缩写 GT(大于)和 LT(小于)。

附表 1.4.2　海冰发展阶段

缩写	描述
NI	初始冰 new ice
NL	暗冰 nilas
DN	色黑而薄的暗冰 dark nilas
LN	浅暗冰 light nilas
GR	灰冰 grey ice
GW	灰白冰 grey-white ice
YG	新冰 young ice
FY	首年冰 first year ice
F1;W1	薄首年冰阶段 1(波罗的海白冰阶段 1) thin first year stage 1 (Baltic white ice stage 1)

缩写	描述
F2；W2	薄首年冰阶段2(波罗的海白冰阶段2)
	thin first year stage 2 (Baltic white ice stage 2)
FM	当年中冰 medium first year
FT	当年厚冰 thick first year
OI	隔年冰 old ice
MY	多年冰 multi-year ice
THN	薄冰(主要用于湖冰)
	thin ice (main use for lake ice)
MED	中冰(主要用于湖冰)
	medium ice (main use for lake ice)
THK	厚冰(主要用于湖冰)
	thick ice (main use for lake ice)
VTK	极厚冰(主要用于湖冰)
	very thick ice (main use for lake ice)
??	不确定 undetermined

5. 如果不知道厚度(或不适用,如在泥泞的水),成员应使用"??"作为两个字符的缩写。

6. 描述发展阶段的海冰类型缩写,须包括四个字符。大多数湖冰类型的缩写须由五个字符组成。

注:

(1)例如:5TGR(十分之五灰冰),＋TNI(十分之九新冰),FIGW(灰白色坚冰)。

(2)显然,如果给定一个厚度范围,例如 CL10～20cm,则需要使用更多的字符。

冰面地形

7. 如有需要,冰型缩写后应加上表示冰地形的缩写(附表 1.4.3)。地形之间应以冒号(":")分隔。

注:可以没有缩写,也可以有一个或几个缩写,如 XTGW：HRDG：ROTN(10/10 成脊型蜂窝状的灰白冰)。

附表 1.4.3　冰面地形

缩写	描述
LVL	平整冰 level ice
RFT	重叠冰 rafted ice
HRFT	严重重叠冰 heavily rafted

缩写	描述
RDG	脊冰(小丘型)ridged ice (hummocked)
HRDG	严重脊冰 heavily ridged
ROTN	蜂窝冰 rotten ice

冰况代码

8. 如有需要应使用冰况代码。

9. 在这种情况下,冰的定义缩写须从总厚度开始(以十分位数表示,仅使用附表1.4.1中冰厚度缩写的第一个字符),然后是冰况代码。冰型之间须以连字符("-")分隔。

注:如 9EGG-5TGW:RDG-4TNI,表示总厚度为 9/10,含 5/10 成脊状的灰白冰和 4/10 新冰。

附表 1.4.4 给出了使用的其他缩写。

附表 1.4.4　其他缩写

缩写	描述
PRESS	冰压力 ice pressure
LGT	轻的 light
FI-LEAD	固定冰走向 lead along the fast ice
CSTL-LEAD	沿海 coastal lead
GT	大于 greater than
LT	小于 less than

第二部分　为沿岸、近海和本地水域提供服务

1　总述

1.1　海洋气象服务需求

注：本部分描述的是文本产品的最低标准。

沿岸、近海及本地水域的公海海洋气象服务(MMS)应满足下列项目的要求：

(a)港口进港和汇合区的国际航运；

(b)沿海一带的社区活动；

(c)海岸保护，包括沿岸工程作业；

(d)沿岸区域的特殊转运；

(e)渔业；

(f)海上固定、浮动设施；

(g)休闲划船。

注：

(1)提供与海洋和水文资料有关的服务可能是一个以上的国家机构或当局的责任。

(2)沿海水域的界限可由成员根据用户在该水域的要求来决定。然而，沿海水域通常被认为在 A1 海域和甚高频(VHF)数字选择呼叫(DSC)范围内。

(3)近海水域通常定义为成员确定的超出沿岸水域一定限度的范围，尽管有群岛水域或边界海域的限制(如地中海、波罗的海)。

(4)本部分所称当地水域，是指港口、海湾、港口及其他规定有特殊服务需要的近岸海上作业区域。

(5)《IMO/IHO/WMO 联合航海安全信息手册》对航海用海岸警报进行了定义，本手册第四部分描述了这些产品的规程。

1.2　信息传播

各成员应确保通过适用于用户的方法，包括现有和新兴的通信技术，迅速传播信息，特别是警报。

1.3　与邻近成员方协调

各成员方应在可能的情况下，与邻近成员方协调沿岸、近海和本地海域服务。

1.4 与公海事务处协调

各成员须确保依照本手册第一部分规定的程序,保证沿岸、近海和本地海域不与公海服务相冲突。负责 METAREA 协调的成员须确保按照本手册第一部分所述的规程在本国和国际上提供协调服务。

2 规则

提供一般服务的规则须包括以下几项:

规则1:沿岸、近海和本地的一般海洋气象服务须与公海的一般海洋气象服务类似,但根据当地的需要进行修改;

规则2:监测提供海洋气象服务的效率和效果,须取得海洋使用者的意见和报告;

规则3:各成员应提供海洋气象服务以满足用户和广播要求(考虑 GMDSS 和 SO-LAS 公约的要求)。

注:成员可以选择为一个产品提供服务,也可以选择为多个产品提供服务。

3 规程

沿岸、近海和本地的海洋气象服务包括:

(a)海洋预报;

(b)概要;

(c)气象警报;

(d)适时发布的海冰公告。

3.1 发布海洋气象服务

3.1.1 成员发布海洋预报的沿岸、近海和本地海域须明确界定。

3.1.2 所有通过海洋无线电广播的海洋气象服务应在开始使用无线电呼叫术语"安全警报(SECURITE)"。

3.1.3 须包括明确的信息以识别相关分区和发布服务。

注:如"由新西兰邮政发出的拉格伦沿海水域的海洋天气公报"。

3.1.4 有关海洋气象服务的广播时间表、内容和预报区域的信息须传达给 WMO 秘书处。

注:世界气象组织秘书处将在《天气报告》(WMO-No.9)卷 D——航运信息中纳入这些信息。

3.1.5 各成员应在更改生效日期前宣布海洋气象服务在形式和内容上的重大变化,并预留足够时间通知海员及更新正式文件。

3.1.6 各成员须确定修订及更新预测的准则。

3.1.7 这些标准应优先关注标准警报阈值,并应酌情考虑国家要求。

3.1.8 海上天气预报应每天至少发出两次。

3.1.9 用通俗语言预报的风向资料,须采用下列标准格式:

(a)风向须以罗盘上的点而不是度数表示;

(b)风速应以节/秒或米/秒表示,否则应使用蒲福风力表来描述风力;

注:风力的蒲福标准可在蒲福风力表中查阅。

3.1.10 电文正文中须引用风速、浪高和能见度的单位。

3.1.11 警报须使用通俗语言。海上无线电广播的概述和预报须使用通俗语言,但在船上收到的文字形式信息可以使用缩写(如 NAVTEX)。

3.1.12 警报、概述和预报应以发布成员的语言广播,并尽可能以英语广播。

3.1.13 提供 MAFOR 预报的成员须遵循国际标准。

注:《代码手册》(WMO-No.306)提供了国际标准。

3.2 预报

3.2.1 预报应按既定顺序包含下列项目:

(1)发布日期和时间。

(2)预报的有效期限。

(3)预报海域的名称。

(4)警报状态。

(5)概要。

(6)相关描述。

① 风速或风力及风向。

② 当能见度小于 6 海里(10 公里)时预报能见度。

③ 可能限制能见度的天气现象。

④ 积冰(如适用)。

⑤ 浪(海浪和涌浪)。

注:海洋预报还可包括选定的海岸站、船舶和其他海洋站的气象报告。

3.2.2 预报应包括预测期间的重大变化、重要的水成物,如冰冻降水、降雪或降雨,以及超出正常预报范围的一段时间的展望。

3.2.3 有效期须以预报发布后的小时数表示,或由开始和结束的日期与时间表示。

3.2.4 从发布之日起,最低时效 24 小时。

3.2.5 如第一部分所述,能见度应以海里或公里表示,或以描述性用语表示。

3.3 概要

3.3.1 地面天气图的主要特征摘要应标注参考日期和时间。

3.3.2 应说明在预报时效或附近影响或预计将影响该地区的明显低压系统和热带扰动。应给出每个系统的中心气压和/或强度、位置、移向和强度变化。当有助于厘清天气情况时,应标注重要锋和槽的位置。

3.3.3 重要气压系统和热带扰动的移动方向和速度应以罗经点和米/秒或节表示。

3.4 警报

3.4.1 对下列现象须发出警报:

(a)强风(蒲福风力8级)及其以上;

(b)潜在危险的积冰;

(c)不寻常和危险的海冰状态。

3.4.2 对下列现象应考虑发出警报:

(a)疾风(蒲福风力7级);

(b)极端雷暴/飑线;

(c)能见度不良(1海里或以下);

(d)暴风雨引发的水位变化;

(e)海啸;

(f)港口假潮。

注:对天气现象的警报可能是一个以上的国家机构或当局的责任。

3.4.3 警报应包括不利天气和海况预计开始和结束的时间。

3.5 警报事项的内容和顺序

3.5.1 警报须包含以下事项:

(a)警报类型;

(b)发布日期和时间;

(c)按经纬度或参照著名地标的扰动位置;

(d)受影响区域的范围;

(e)天气现象的描述;

(f)标明以百帕表示的中心气压的扰动类型(如低压、飓风、锋);

(g)扰动运动的方向和速度。

3.5.2 当警报包含一个以上的气压扰动或系统时,警报应按威胁性大小降序排列。

3.5.3 警报须尽可能简短、清楚和完整。

3.5.4 每一个热带气旋的最后位置时间须在警报中指明。

3.6 警报的发布

3.6.1 成员应在天气尺度系统预计出现灾害天气前至少 18 小时发出警报，并应立即广播。

3.6.2 警报须随时更新并立即广播。

3.6.3 警报须持续有效直至修正或取消。

3.7 海冰信息

3.7.1 成员在冰季须发布海冰信息。

注：海冰信息服务的发布可能是一个以上成员方机构或当局的责任。

3.7.2 海冰信息服务应当包含冰的范围、冰山范围、海冰厚度以及发展阶段信息。

3.7.3 与国际标准不同或在国际标准之外的海冰术语、代码和符号必须在公报中加以定义。

注：WMO《海冰术语》(WMO-No.259)提供了公认的标准。

第三部分 海上搜救的海洋气象保障

1 总述

各成员方应按照国际规定的要求做好气象服务,以支持搜救工作(SAR)。

注:IMO/ICAO 联合出版的《国际航空和海上搜救手册》规定了海上搜救服务的要求,可向 IMO 和 ICAO 索取。

2 规则

2.1 各成员方应把支持 SAR 的气象服务作为高度优先事项并及时作出反应。

2.2 各成员方应做好气象服务的准备以支持 SAR 行动,同时满足对飞机和海上作业的特殊要求。

注:为配合海上搜救工作,气象预报中心可为多个联合救援协调中心(JRCC)服务。同样,根据海上搜救行动的性质,JRCC 可要求多个气象预报中心提供信息。

3 规程

3.1 总述

3.1.1 各成员方须按照国家 SAR 总体协调程序,考虑国际建议和现行需求,为 SAR 提供气象服务。

3.1.2 各成员应结合 SAR 行动的三个阶段,在 JRCCs 和气象预报中心之间作出流程安排:

(a)申请支持;

(b)准备气象产品;

(c)分析总结。

3.2 申请阶段

3.2.1 各成员方须尽快处理 JRCC 的申请,在搜救过程中,要优先处理上述申请。

3.2.2 收到 JRCC 关于船舶、飞机或救生艇筏遇险的信息后,各成员须全力满足 JRCC 的需求。

3.2.3 各成员方应与 JRCC 合作,制订合作方案,通知 SAR 行动,通报 JRCC 与天气预报中心之间的消息。必要时应采用电话沟通,确认服务请求,并说明需求。

3.2.4　各成员方须考虑,在大陆架和大片海域进行海上 SAR 行动时,需要提供 24 小时专项服务天气预报。

3.3　准备阶段

3.3.1　在与 JRCC 沟通或提供天气预报时,成员应参照气象公报、航运和航空警报中的术语。

3.3.2　各成员方须确保给 JRCCs 提供的气象产品时效。

3.3.3　各成员应确保提供给 JRCCs 的气象产品,包括对搜索区域的规划,避免在多个区域同时搜救发生混乱。

3.3.4　各成员应确保向 JRCC 提供的信息符合其要求,信息包括以下参数:

(a)地面风速和风向;

(b)海况;

(c)地面水平能见度;

(d)海面温度;

(e)潮汐和海流信息;

(f)海冰;

(g)冰山;

(h)积冰;

(i)降水量和云量,包括云底高度;

(j)空气温度;

(k)湍流;

(l)最低 QNH 压力(大气压力调整至海平面);

(m)结冰;

(n)冻结水位;

(o)高空风速、风向、温度。

3.3.5　各成员方应提供漂流预测和预测输入数据(风和洋流),以供 SAR 行动期间漂流模型的需要。

3.3.6　各成员方在规定地面风速值时,须参考《IAMSAR 手册》规划空中搜索路径时规定的范围和水平能见度。

3.3.7　应 JRCC 的要求,各成员方应提供风速和风向、海面温度和洋流的历史值,以协助搜索情报和生存可能性的评估。

注:提供的信息可能由多个机构共同负责,并且需要在全国范围内协调。

3.3.8　各成员应与 JRCC 达成一致,提供所需的海洋气象参数,如果可行,还应提供网格化或数字形式的漂流预测。这些数据可以集成到 JRCC 使用的决策支持工具中。

3.4 后事件阶段

各成员方应与 JRCC 合作进行事后审查,以便完善和改进。

3.5 通信协议

3.5.1 各成员应将所有通信记录永久保存,记录好信息的来源、传输和接收时间。

3.5.2 各成员应鼓励船只参与任何中期或长期 SAR 行动,或在 SAR 行动范围内活动,以便在主要时间和中间的标准时间进行天气观测。各成员方应按时观测,包括地面天气观测,并通过国际船舶立即传送代码,以国际船舶代码形式或简明语言发送。各成员应确保将信息传送至适当的沿海无线电台以便继续传送,或通过陆地基站(LES)直接传送给气象部门。

第四部分　全球航行警报服务支持

1　总述

1.1　IMO/WMO 全球气象海洋信息和警报服务（WWMIWS）须提供相关海洋气象信息，便于 NAVAREA 协调员发布 NAVAREA 警报。

1.2　成员方须响应国际要求发出航行警报。

注：

（1）具体的国际要求详见 SOLAS 公约第 V 章第 4 条。

（2）《IMO/IHO/WMO 海上安全信息联合手册》对航行警报的全部细节进行了说明，所有服务均按照国际海事组织决议 A.705（17）——海上安全信息发布和 A.706（17）——全球航行警报服务的规定来进行。

2　角色和责任

2.1　各成员方应根据需要，提供海洋气象信息，服务航行警报。

注：

（1）《IMO/IHO/WMO 海上安全信息联合手册》确定了航行警报（18 种确定的危险类型）安全信息。

（2）WWMIWS 可协助的主要危险类型（见《IMO/IHO/WMO 海上安全信息联合手册》）是漂流风险、空间天气对无线电导航的影响、海啸和海平面异常变化。

2.2　成员方应促进 METAREA 协调员与 NAVAREA 协调员合作，建立并定期审查提供给 NAVAREA 的海洋气象信息。

3　导航区警报类型指南（5）——漂流风险

各成员方应与导航区调度员协调，提供以下信息：

（1）冰山；

（2）火山活动导致大量的火山灰或浮石。

注：

（1）冰山的信息包括冰山的坐标位置和冰山面积。

（2）火山活动的信息可参考火山灰咨询中心（VAACs）的数据，包括火山爆发的坐标位置。如有，需提供灰羽或浮石面积的数据信息。

4 导航区警报类型指南(12)——无线电或卫星通信服务严重故障

4.1 各成员应与 NAVAREA 协调员协调,提供天气在空间影响上的数据。

4.2 各成员应与 NAVAREA 协调员共同确定警报的标准。

5 导航区警报类型指南(16)——海啸和其他自然现象,如海平面异常变化

5.1 各成员方应与 NAVAREA 协调员协调,提供海啸风险和异常水位信息。

5.2 各成员方应与 NAVAREA 协调员共同确定海平面异常变化警报的发布标准。

注:

(1)NAVAREA 关于海啸风险的警报只是对海员的初步建议,并不是最新的信息。预计水手需要向当地港口主管寻求进一步信息,或采取有效措施以保证安全。海啸风险的信息包括对受灾地区的简单评估。

(2)海啸的信息包括对受影响地区的一般性描述。

(3)异常水位的信息包括水位异常的详细信息和受影响的区域。海平面的异常变化会对在浅水中航行的船舶造成风险,在较高水位时影响港口作业。

第五部分 海洋环境应急响应服务支持

1 总述

全球数据处理和预报系统(GDPFS)须成为一个框架,来发展和提高成员方的能力,以便在发生一系列海洋环境事件时,提供较高水平的海洋气象和海流信息,包括:

(a)石油和其他有毒物质泄漏;

(b)在海洋和沿海地区排放放射性物质;

(c)其他海洋环境危害(如有害藻华)。

2 规程

2.1 各成员应根据国家应急机构的要求提供专门服务。

2.2 各成员方应与有关国家协调,提供下列方面的历史和预报信息:

(a)风速和风向;

(b)海洋状况;

(c)垂直和水平能见度;

(d)潮位和时间;

(e)海流和其他海洋学信息。

2.3 各成员方应保障有关海洋状况的信息,有助于当局确保沿海和公开水域作业的安全。

2.4 各成员方应确保地面风速值考虑了用于确定物质分散剂混合速率和控制规划的阈值。

2.5 各成员方应与国家应急机构协商,以格点或数字形式提供所需的海洋气象参数,这些参数可纳入决策/规划支持工具。

2.6 各成员方还应提供海流预报或在海洋污染应对期间,海流模型所需的预报输入数据(风和洋流)。

第六部分 海洋气象学领域的培训

1 总述

海洋气象学领域的培训方案须针对下列人员设计：

(a)从事海洋观测、预报和气候工作的气象人员；

(b)港口气象官(PMO)；

(c)海员。

2 海洋气象人员培训

2.1 规则

对气象人员进行海洋气象学培训的规则如下：

规则1：气象人员的培训是提供海洋活动气象服务的必要因素。

规则2：培训方案的设计须针对海洋气象服务的特殊性，使相关人员具备资格，或认证相关资格。

规则3：海洋气象学教育和培训领域的国际合作，可通过以下形式的援助来实现：短期和长期研究资金；在职培训；向各国派遣专家帮助培训人员；培训课程和指导手册；区域培训讨论会；以及出版适当的讲稿简编和专门用于海洋用途的指导材料。

2.2 规程

2.2.1 各成员方须向从事海洋气象活动的各类气象人员(一、二、三、四级)申请并提供海洋气象学培训方案。

注：关于气象人员分类和培训课程指南详见《气象和水文教育与培训标准实施指南》(世界气象组织第1083号)。

2.2.2 各成员应保证让合格的工作人员或有经验的专家为海洋气象人员制订和提供培训方案。

2.2.3 各成员应确保从事海洋气象学培训和提供服务的气象人员熟悉海洋用户要求。

注：具体安排可包括组织海上航行；访问当地海洋无线电基地以熟悉工作需求；陪同参观船上的气象观测设备；访问海洋气象服务完善的国家。

2.2.4　各成员应确保培训材料是参照国际公认的海洋气象人员培训方案。

2.2.5　各成员应充分注意利用虚拟培训教材进行海洋气象培训。

2.2.6　各成员应将海洋气象学和物理海洋学作为国内高校开设气象学的必选课程。

2.2.7　各成员应确保对气象人员所需能力进行评估。

3　港口气象人员的气象培训

3.1　规则

PMO 气象培训的目的是,明确海洋环境气象预报的知识和原理,掌握海洋气象仪器的使用方法,规范气象日志的使用,以及熟知记录、传送观测结果的流程。

3.2　规程

应在全国范围内,为各级项目办提供定期培训课程。

注:

(1)参观拥有完善项目管理办公室的港口,并视为培训课程的一部分。

(2)《全球观测系统指南》(WMO-No.488)第三部分附件 D 中描述了项目管理办公室的职责。

(3)IMO 海员培训、发证和值班标准国际公约规定了对船舶高级船员的培训要求。

4　海员气象培训

4.1　规则

海员所学习的海洋气象信息,特别是海上安全信息(MSI),是航行安全和船舶作业效率的重要组成部分。

4.2　规程

4.2.1　提供支持的航海学校所属成员方,应保证海洋基础气象资料符合有关要求。

注:有关要求见 IMO 管理的海员培训、签发和值班标准国际公约。

4.2.2　各成员方应根据 WMO 发行的标准教科书和特别出版物,提供相关材料,解释海洋气象服务的应用。

第七部分 海洋气候学服务

1 简介

1.1 海洋气候学的一般目的和社会应用

注:当今的海洋气候学为航运、海洋产业和渔业、海事工程、能源生产、旅游、保险、海岸管理、减灾计划、基础和应用科学提供海洋大气、海洋环境(包括海冰)及海气相互作用等数据和信息支持。人们对气候服务(如海事工程设计研究、海上作业计划、保险索赔或海上事故官方调查的专业知识、货物通风研究、能源生产技术支持)和气候变化研究的兴趣日渐浓厚,增加了对海洋气候资料的需求。海洋气候学应用综述可参见《海洋气候学应用指南》(WMO-No.781)和《海洋气候学应用进展——WMO 海洋气候学应用指南的动力学部分》(JCOMM 第 13 号技术报告修订第 2 版,WMO/TD-No.1081)。

1.1.1 成员应解决最终用户对海洋气象和海洋气候数据的适当需求,尤其是长期气候监测、次季节至更长时间的预测、气候服务和海洋观测的需求。

1.1.2 成员在收集、处理、归档、交换及向最终用户提供海洋气候数据、摘要和产品之时,须遵循本部分所述的技术规则和程序。

1.2 海洋气候摘要方案更新

注:先前的海洋气候摘要方案(MCSS)制订于 1963 年,JCOMM 促进其更新成现代版,以兼顾海洋气候实践的实际变化和新的数据来源(如数据浮标、海洋学数据、卫星数据)。此更新换代的历史背景及详情可参见《海洋气象服务指南》(WMO-No.471)第9.1.2节。海洋气候资料系统(MCDS)已取代 MCSS,后者在 JCOMM 第五届大会(2017)上被宣布废止。

MCDS 成员须遵循下述第 2 章所述的技术规则。

1.3 海洋气候资料系统的目的和范围

注:海洋气候资料系统旨在规范和协调现有系统的活动并填补空白,以建立一个专门的 WMO 政府间海洋学委员会(IOC)业务数据系统,目的在于汇编扩展至基本气候

变量（ECV[①]）之外、质量可靠、统一的海洋气象学和海洋学（metocean）气候数据集。收集的多源数据和元数据不受限制地免费提供给最终用户。

MCDS 的目标是提高 metocean 气候数据和元数据的及时性，促进国家之间 metocean 气候数据集的交换，从而增加最终可用于相关终端用户应用的 metocean 观测数量。此外，集成的数据和元数据可使用包含数据集的全部信息，例如包含当前和过去数据编码及格式的历史详细信息。海洋气候资料系统向能满足气候监测、预测和服务对 metocean 气候数据需求的产品进行了扩展。

注：海洋气候资料系统需要最顶尖的综合性和标准化的国际体系，以优化数据和元数据流以及改善各类 metocean 气候数据的管理。具体包括现场观测和遥感探测数据的综合收集、恢复、质量控制、格式化、归档、交换和访问。海洋气候资料系统基于完善的质量管理和有文档记录的流程与程序，使用更高级别的质量控制、增值数据处理（包括偏差订正）及卫星观测与气象-海洋模式格点场的对比结果，数据管理结构规范、定义明确并有记录。现有数据、新数据和最新的海洋气候及统计产品的数据管理结构参见《海洋气象服务指南》（WMO-No.471）附录 1 和编写中的 JCOMM 第 85 号技术报告《海洋气候资料系统》。

1.4 确保 metocean 数据流长期存档

成员须通过 MCDS 提供各自的 metocean 数据（观测和元数据），以便按照 MCDS 推荐的步骤进行数据处理，并且必须实现 metocean 数据的长期归档，以便海洋气候学应用。

2 海洋气候资料系统

2.1 数据流概述

以能确保 MCDS 正常、高效运作的方式，规定了数据采集中心（DAC）、全球数据汇集中心（GDAC）及海洋气象和海洋气候资料中心（CMOC）的作用与职责。日常例行从不同数据源收集 metocean 数据，进行数据处理，对各级数据应用约定的质量控制程序，并将综合产品分发给最终用户。如图 7.1 所示，MCDS 各中心在将数据提供给下一层中心或用户之前，须对采集自多种来源或上一层中心的数据一致性和完整性负责。

---

① 参见《全球气候观测系统：实施要求》（GCOS-200）。

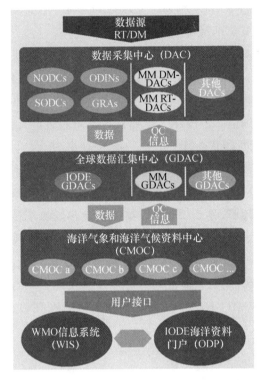

DM　=延迟模式数据　　　　　　ODIN=海洋数据信息网络
GRA　=GOOS区域联盟　　　　　QC　=质量控制
MM　=海洋气象学的　　　　　　RT　=实时数据
NODC=IODE国家海洋资料中心　SODC=IODE专业海洋数据中心

图7.1　海洋气候资料系统的数据流（从数据源到用户）

2.2　一般作用与职责

2.2.1　数据采集中心

数据采集中心须按约定的格式以实时和/或延迟模式接收各种来源（列于下文2.2.3.6的注中）的数据；须按照 DAC 范围内的规定（见《海洋气象服务指南》（WMO-No.471）附录1的第2.1.3节），进行约定的质量检查，辨识重复记录并将数据发送给相应的 GDAC。

注：MCDS DAC 的职责范围在《海洋气象服务指南》（WMO-No.471）附录1中阐述。

2.2.2　全球数据汇集中心

2.2.2.1　全球数据汇集中心须根据与其下辖 DAC 中心之间的规定条款，从这些中心获取全部数据流，辨识和剔除重复观测数据，合并数据建立一个完整的数据集。

2.2.2.2　全球数据汇集中心须按约定进行进一步的质量检查，以约定的格式将数据连同参考元数据和附加的质量标志一起发送给 CMOC,保证单个观测数据的不同版本得以识别和链接。

注:某些情况下 GDAC 也可以履行 DAC 的职能,比如从各个平台收集数据。

2.2.2.3　若活动 GDAC 的职责范围相似,则它们须互联成网,进行定期比较,并采取措施保证所汇集数据的整体一致性。

注:MCDS GDAC 的职责范围在《海洋气象服务指南》(WMO-No.471)附录 1 阐述。

2.2.3　海洋气象和海洋气候资料中心

2.2.3.1　海洋气象和海洋气候资料中心须收集 GDAC 和其他来源的数据,承担数据恢复工作,按需求应用有文档记录的更高级别质量控制和偏差订正数据,并使综合数据集和产品可用于 MCDS 用户接口(MCDS-UI)。

2.2.3.2　海洋气象和海洋气候资料中须网络互联、数据互补,以保证对外服务数据的整体一致性;须适时镜像其数据集。

2.2.3.3　数据和元数据须按照定义的标准进行存储,以保证数据完整和普适的互操作性。

注:海洋气象和海洋气候资料中心向最终用户提供数据和产品,以及有关其使用的专家建议。某些情况下 CMOC 亦可履行 GDAC 的职能。

2.2.3.4　海洋气象和海洋气候资料中心还应当从合作伙伴组织,如 IOC 的国际海洋学数据和信息交换委员会(IODE)及其国家海洋资料中心(NODC)、关联数据单位和 GDAC 组成的网络收集资料,并鼓励合作伙伴组织成为 JCOMM MCDS 的执行成员。

2.2.3.5　海洋气象和海洋气候资料中心须调查其责任区内与成员合作的领域。

2.2.3.6　CMOC 中心须通过 MCDS-UI 接口提供数据和产品。MCDS-UI 接口须与 WMO 信息系统(WIS)和/或 IODE 海洋资料门户(ODP)可互操作。

注:

(1)MCDS 数据源示例

① 船基观测;

② 剖面浮标和滑翔机;

③ 数据浮标;

④ 海平面观测站;

⑤ 波浪观测;

⑥ 极地观测,包括冰山信息和冰图;

⑦ 地球轨道卫星的海表观测。

(2)CMOC 的能力及相应职能参见本部分的附录。

2.3 认定和评审流程

2.3.1 界定 MCDS 中心(即 DAC、GDAD 和 CMOC)指定程序、职能和评审流程的管理结构须由 JCOMM 提议,并由 WMO 和 IOC 两者的执行机构表决通过。DAC 和 GDAC 的认定和评审流程详见《海洋气象服务指南》(WMO-No.471)第 9.3.7 节,CMOC 的认定和评审流程详见本部分附录第 4.6 节。

2.3.2 候选 DAC、GDAC 或 CMOC 的主办方须提交一份遵守要求和承诺的声明,列出并证明具备拟建中心的能力,说明该中心负责的数据和/或产品的范围,并出具正式承诺,将按照与各特定中心相符的职责管理该中心。

2.3.3 JCOMM MCDS 评审委员会须至少由 3 名成员组成,其中,至少 1 人来自 IOC(最好来自 IODE),1 人来自 WMO。

2.3.4 JCOMM MCDS 评审委员会须对申请进行评审。委员会成员必须一致同意才能批准申请。

2.4 质量管理

在向 GDAC 提供资料之前,所有的 DAC 都须采用《海洋气象服务指南》(WMO-No.471)第 9.2.2 节详述的方案,对船舶资料进行最低级别的质量控制(如最低质量控制标准(MQCS))。GDAC 应当向 DAC 提供对最低质量控制的反馈,并采用《海洋气象服务指南》详述的方案,进一步对船舶资料进行更高级别的质量控制(如更高级别质量控制标准 HQCS)。海洋气象和海洋气候资料中心须应用 CMOC 规定的其他更高级别质量控制,并将结果反馈给 GDAC。

注:

(1)在实施质量管理体系(QMS)时,参与 MCDS,运行 DAC、GDAC 和 CMOC 的成员应遵守《技术规范》(WMO-No.49)第一卷第七部分。

(2)在建立 QMS 时,成员应参阅《国家气象水文部门实施质量管理体系指南》(WMO-No.1100,2013 版)或《IODE 国家海洋资料中心质量管理框架、手册和指南 67》(巴黎:联合国教科文组织,2013)

(3)依据 IODE-ⅩⅢ.18 的建议,国际海洋学数据和信息交换委员会为 NODC 制定了 QMS 实施指南,以确保 NODC 作为 GDAC 提供符合 IOC 海洋数据交换政策的数据和服务。

2.5 元数据

2.5.1 成员须遵循 WMO《全球综合观测系统手册》(WMO-No.1160)规定的关于提供 WMO 全球综合观测系统(WIGOS)元数据的技术规则,以便将此类元数据提交给 MCDS。

2.5.2 成员须按约定格式编制并将其观测平台及相应的观测元数据清单归档。志愿观测船（VOS）的元数据须符合《精选、增补和附属船舶国际清单》（WMO-No.47）的规定。

2.5.3 成员须及时将约定的元数据提交到适当的资料库，如按季度向 WMO 提交 VOS 元数据。

2.6 数据恢复

在可行情况下，成员须支持数据抢救行动并遵循国际上的最佳做法（见《气候数据抢救最佳实践指南》，WMO-No.1182），比如 WMO 气候变化研究所（CCI）数据抢救专家组（ET-DARE）所推荐的关于气候数据和数据库更新行动。这些行动包括对新数据源编目分类提供数字化服务或协调众包群体（参见案例"旧天气"项目）。

2.7 数据存储和访问

注：

（1）需要长期承诺 metocean 数据的保存和可访问性，以防止现在和将来存储的数据丢失或损坏。

（2）MCDS 运作的一个关键要素是作为支撑气候服务和气候变化及变率研究的长期档案。

2.7.1 与 MCDS 相关的数据、元数据和信息须正式归档为长期档案并公开提供，且与 WIS 和/或 IODE ODP 可互操作。

2.7.2 作为 MCDS 的组成部分，CMOC 须按照 WMO 和 IOC 相关的数据政策，向国际研究团体提供其全部数据、元数据和产品。在适当情况下，还应共享软件。

2.7.3 CMOC 管理的数据和产品须接受版本控制（采用 MCDS 内部约定的程序）。

2.7.4 来自 MCDS 成员的数据须按照成员职责范围的规定，采用约定的、有文献记载的存档格式，比如国际海洋气象文档（IMMA）格式。MCDS 成员的数据须质量可靠。

3 海洋气候学产品和服务

3.1 来自成员的 metocean 观测支撑广泛多样的气候产品。这些产品一般可分为三类：汇编数据集、格点分析和统计摘要，其定义和示例可参见《海洋气象服务指南》（WMO-No.471）。

注：要求 metocean 气候产品支持《海洋气象服务指南》（WMO-No.471）第Ⅸ章和《海洋气候学应用指南》（WMO-No.781）概述的一系列应用。

3.2 成员须向 MCDS 内相应的 DAC 提供数据和元数据，以支撑 metocean 气候产品的研发。如 CMOC 能力和相应职能(见本部分附录第 4 节)所规定,研制此类产品是 CMOC 的职责之一,但也常由研究团体承担。

3.3 成员应与相关 CMOC 及相应的 WMO 专家团队合作,提供专业知识,以确保生成的产品与成员用户群体有关联。

注:海洋气候数据产品的访问政策须遵守 WMO 和 IOC 关于数据交换政策的现行决议(第 40 号决议 Cg-Ⅻ 和 IOC-ⅩⅢ-6)。

4 提供 metocean 信息和专家建议

4.1 应按照国家惯例提供 metocean 和相关海洋信息,以及关于历史数据和相关产品的解释应用的专家建议。

4.2 metocean 数据须由成员保存,数据存储方式在需要专家建议的应用中易于访问使用。

注:保存 metocean 数据的主要目的之一是将其用于气候和长期趋势计算,以服务于本部分第 1.1 节所列应用。

4.3 成员在处理需要海洋气候专家建议的问题时应相互协助,尽可能以便捷方式提供所需信息。

4.4 为特殊用途提供 metocean 数据应受 WMO《技术规范》中气候资料交换规定的约束。

附录 7.1 海洋气候资料系统中心:范围、认定和评审

1 范围和管理

1.1 每个候选海洋气候资料系统(MCDS)中心的主办方都须提交一份符合规定和评价指标的声明,说明其将如何满足所需能力和履行由该中心提出并由 JCOMM、WMO 大会或执行委员会及 IOC/UNESCO 大会或执行委员会批准的职能。

1.2 然后,指定的 JCOMM 海洋气候资料系统评审委员会须对候选中心的申请进行评审,斟酌候选中心满足相关职责范围所述能力、职能和任务的程度。

1.3 对所有中心,评估的基本能力包括:具备必要的基础设施以履行批准的职能,具有运用规定的国际标准进行数据管理的能力。海洋气象和海洋气候资料中心须与 WMO 信息系统(WIS)和/或国际海洋学数据和信息交换委员会(IODE)海洋资料门户(ODP)可互操作。

评审结果随后由 MCDS 评审委员会提供给申报中心。

1.4 应在各中心商定范围的界限之内评定其功能。各中心的功能在相应的职责范围内全面阐述。

1.5 各中心须通过资料管理协调组(DMCG)向 JCOMM 管理委员会提交其现状和职能范围内开展活动的年度报告。委员会将对该 MCDS 中心的进展进行评估并提出建议。

注:各中心能力、职能和任务的比较见《海洋气象服务指南》(WMO-No.471)附录 1。

2 数据采集中心(DAC)

注:

(1)DAC 的职责范围及其评价标准参见《海洋气象服务指南》(WMO-No.471)附录 1。

(2)界定各 DAC 中心职能和认定程序的管理结构由 JCOMM 提出,并由 WMO 大会或执行委员会及 IOC/UNESCO 大会或执行委员会批准。

2.1 候选 DAC 的主办方须提交一份遵守要求和承诺的声明,列出并证明拟议中心的能力,说明该中心负责的数据和产品范围,并陈述主办该 DAC 中心的正式承诺。

注:DAC 的作用是直接接收和收集来自观测平台的气象与海洋数据(实时或延迟模式)和元数据。

2.2 各 DAC 须对来自单一或多种平台类型的数据负责。

2.3 数据采集中须在可行的情况下收集责任区内观测平台的元数据,进行约定的

最低限度质量控制,向观测平台运营方提供反馈,识别并管理重复记录,按照约定的格式和规定的期限将数据和元数据发送给相应的 GDAC。

注:DAC 名单列于《海洋气象服务指南》(WMO-No. 471)附录 1。

3 全球数据汇集中心 GDAC

注:

(1)GDAC 的职责范围及其评价标准参见《海洋气象服务指南》(WMO-No. 471)附录 1。

(2)界定各 GDAC 中心职能和认定程序的管理结构由 JCOMM 提出并由 WMO 大会或执行委员会及 IOC/UNESCO 大会或执行委员会批准。

3.1 候选 GDAC 主办方须提交一份遵守要求和承诺的声明,列出并证明拟议中心的能力,说明该中心负责的数据和产品范围,并陈述主办该 GDAC 中心的正式承诺。

注:GDAC 的作用是接收和汇集来自一个及其以上 DAC 的气象与海洋数据和元数据。

3.2 各 GDAC 须收集单一或多种平台类型的数据。

3.3 全球数据汇集中须收集和/或直接接收来自 DAC 及其他可能来源的元数据,须标识或链接不同 DAC 提供的数据集之中可能存在的同类观测,向 DAC 提供反馈,进行约定的质量控制,然后按约定格式和规定期限将数据和元数据发送给相应的CMOC。

注:

(1)GDAC 名单列于《海洋气象服务指南》(WMO-No. 471)附录 1。

(2)以前的 MCSS 全球收集中心(GCC)将自动转为 MCDS 的 GDAC。

3.4 尽管镜像不是 GDAC 的强制职能,但 GDAC 可以开展镜像工作。当 GDAC将镜像列为一项职能时,必须在 GDAC 的范围和工作计划中详细说明。

4 海洋气象和海洋气候资料中心(CMOC)

4.1 总则

4.1.1 多源和通过 MCDS 提供的海洋气象和海洋气候资料应质量可靠,须在免费且不设限制的基础上,通过一个由 10 个以下 WMO-IOC 海洋气象和海洋气候资料中心组成的全球网络服务于最终用户。数据、元数据和信息须与 WIS 和 IODE ODP完全共享互用,须与其他类型的气候资料兼容。

注:

(1)CMOC 中心涵盖 JCOMM 不同的具体数据领域(如海洋气象学、物理海洋学、历史时期、地理范围、特定数据应用程序),有助于增进国际合作伙伴关系。

（2）CMOC 网络的主要目标是提高当前和历史数据、元数据及产品的可用性，优化其恢复和归档，并以更及时的方式达到标准化和高质量。这些目标将确保数据管理系统的长期稳定性，允许分担责任和共享专业知识，帮助优化资源并防止技术故障造成的损失。

4.1.2　成群的 CMOC 中心须在规定的数据领域内运作（如全球、区域、大气、海洋表层和次表层）且功能互补。为使数据、元数据和产品达到最大限度的连续性、可靠性和完整度，还应设立一些专门的 CMOC，用于镜像 CMOC 跨域的流程、数据和元数据。

4.2　能力和相应职能

CMOC 须具备下述能力和相应职能：

能力

（a）各中心须具备或能够获得履行批准职能所需的基础设施、设备、经验和人员；

（b）各中心须具有或能够实现与 WIS 和/或 IODE ODP 的互操作性；

（c）各中心须能执行规定的数据和质量管理的国际标准；

（d）须能按照 CMOC 网络内的约定，积极可靠地镜像（即保持相互一致）数据、元数据和产品。

由 JCOMM 指定的公认权威机构至少每五年一次对各中心进行评估，审查其是否满足 JCOMM 委员会商定的必备能力和绩效指标。

相应职能

（a）各中心须促进 WMO 和 IOC 的应用，通过以下方式，比如恢复、收集、处理、归档、共享、分发和镜像记录于 WMO 和 IOC 相关出版物的全球海洋气象与海洋数据和元数据。

（b）各中心须就有关标准和最佳做法的咨询，向成员提供建议，比如关于海洋气象与海洋数据、元数据和产品的恢复、收集、处理、归档及分发的咨询。

（c）各中心须提供其范围的一部分数据集和相应的元数据，并使之可通过 WIS 和/或 IODE ODP 发现。

（d）所有 CMOC 须通过定期召开的会议在网络内密切沟通和联络，尤其是在质量流程制定和程序研发方面。

（e）各中心须执行恰当的数据处理和质量控制程序，并制作其职责范围要求的产品。

（f）CMOC 网络内的所有中心都须遵循 WMO 和 IOC 相关出版物记载的程序，在海洋气象和与海洋数据、元数据和产品的恢复、交换、处理及归档等方面进行紧密合作。

（g）各中心须履行规定的核心职能，并从其他中心复制适用于其领域的数据。这样，当从任何单独的中心进行访问时，CMOC 网络提供的数据和产品集都是相互一致的。

（h）专门的 CMOC 中须在规定期限内镜像数据、元数据、产品和流程；镜像方法将由镜像中心商定。

（i）CMOC 领域内管理的各类数据、元数据和流程都须接受严格的版本控制（如数字对象标识符 DOI）。

（j）各中心须每年向 JCOMM 管理委员会汇报其为成员提供的服务和开展的活动。相应地，管理委员会应随时向 WMO 执行委员会和 IOC/UNESCO 大会通报 CMOC 网络的整体状况和活动情况，并根据需要提出修改建议。

4.3 数据和软件政策要求

CMOC 须以符合 WMO 第 40 号决议（Cg-Ⅻ）和 IOC 决议（IOC-Ⅻ-6）的方式，向国际研究团体免费开放 CMOC 网络范围内的所有数据、元数据和产品。在适当的情况下，软件也应公开和免费提供。

4.4 设立、管理和撤销

注：界定各中心职能和指定程序的管理结构由 JCOMM 提议并由 WMO 大会或执行委员会及 IOC/UNESCO 大会或执行委员会批准。JCOMM 建议的批准设立 CMOC 和撤销现有 CMOC 的办法见《海洋气象服务指南》（WMO-No.471）9.3.7。

候选 CMOC 的主办方须提交一份遵守要求和承诺的声明，列出并证明拟建中心的能力，说明该中心负责的数据和产品范围，并陈述主办该中心的正式承诺。

4.5 已设立的海洋气象和海洋气候资料中心名单

附表 7.1.1 列出已设立的 CMOC 名单及其职责范围。

附表 7.1.1　已设立的 CMOC 及职责范围

CMOC	职责范围
设于中国天津的自然资源部国家海洋信息中心（NMDIS）	亚太地区海洋气象和海洋气候资料的收集和数据抢救 亚太地区能力建设 国际海洋大气综合数据集（ICOADS）的镜像

4.6 认证和评审

4.6.1 新的海洋气象和海洋气候资料中心的认证

4.6.1.1　提议主办 CMOC 的机构须遵循此处列出的规程：须编制一份文档，明确说明《建议 2（JCOMM-4）》附件 2 和《WMO/IOC 海洋学和海洋气象学联合技术委员会第四次届会含决议和建议案的最终节略报告执行摘要》（WMO-IOC/JCOMM-4/3 WMO-No.1093，下文称为《JCOMM-4 执行摘要》）所述的所有义务和相应职能。显然,该文档应包括对拟议成果和产出(服务、产品)的说明,以及这些成果和产出如何有助于满足 WMO 和 IOC 对海洋气象和海洋气候资料的管理需求。提议机构还应说明其年度报告拟包含的内容。

4.6.1.2　将按照《建议 2(JCOMM-4)》附件 3 和《JCOMM-4 执行摘要》(WMO-IOC/JCOMM-4/3,WMO-No.1093)中的说明采取进一步的行动。

4.6.2　CMOC 认证委员会的职责范围

4.6.2.1　由 JCOMM 资料管理协调组指定、至少 3 名成员组成的独立委员会须对候选 CMOC 进行认证。

4.6.2.2　委员会须执行以下程序:

(1)选出一名主席。

(2)审查候选 CMOC 提交的文件,特别注意认证标准。对照下文第 4.6.3 节的各项标准评判提案并进行评分。要获得认证,候选者需使委员会确信所有标准均完全符合,且委员会成员之间必须达成一致意见。

(3)判定从哪些标准来判定支持哪些提案。判定理由将在委员会报告中阐述。

(4)如有需要,则指派人员与候选 CMOC 商议或实地考察,以:

① 通知候选者可能需要澄清的内容,并进行澄清;

② 证实候选 CMOC 的具体职能和能力;

③ 协商拟议遵守的要求和承诺声明的必要修改;

④ 在《建议 2(JCOMM-4)》及其附件规定的时间内,向委员会提交一份含有建议的报告。

(5)准备一份书面评估报告,说明评审结果。另外,若拟议遵守的要求和承诺声明不符合一个或以上标准,则委员会须解释原因并建议可能的补救措施。

(6)将该书面评估报告呈交 JCOMM 资料管理协调组及遵守要求和承诺声明的拟稿人。

(7)如有要求,向 JCOMM 或 IODE 的任一成员提供拟议遵守要求和承诺声明及评估报告的副本。

4.6.2.3　委员会主席须向 JCOMM 资料管理协调组汇报评审结果。

4.6.2.4　委员会成员包括:

(a)IODE 代表;

(b)JCOM 代表(WMO 方);

(c)其他必要的代表。

4.6.3　认证标准

CMOC 的义务、能力和职能在《建议 2(JCOMM-4)》附件 2 和附件 3 以及《JCOMM-4 执行摘要》(WMO-IOC/JCOMM-4/3,WMO-No.1093)中全面阐述。设计下述标准以检查拟议中心是否满足需求。标准以问题方式呈现,答案为简单的"是"或

"否"。一般地,若某个问题不能确定回答"是",则应判定为未达到该标准。在被认为未达到某一标准的情况下,或可与认证委员会商讨在解决未满足标准的同时继续建立CMOC的可能性,讨论将根据具体情形予以考虑。

(1)活动范围(数据、元数据、产品和服务的恢复、收集、质量控制、标定和偏差订正、处理、归档、共享、分发及镜像)是否与 MCDS 内的执行机构、IODE 国家海洋资料中心(NODC)、高质量全球气候资料管理系统、国际科学理事会世界资料系统(ISC-WDS)的现存中心或其他成熟的数据管理活动存在不必要的重叠。如果是的话,重叠活动带来的增值是否得到充分阐释? 是否有必要设立该 CMOC?

(2)如果活动范围为区域性的,那么,是否有该区域成员的支持证明(如表示支持)?

(3)该 CMOC 的提案是否清楚地说明其活动将如何与其他已有的相关系统进行协调(如通过详细描述的工作流程、合作函、主要数据提供方表示支持等方式)?

(4)拟议 CMOC 活动是否定义明确、科学合理(比如有出版物记录支持)? 是否填补 WMO 或 IOC 正式数据管理活动中清晰而真实的空白?

(5)变量是否被视为全球气候观测系统(GCOS)基本气候变量(ECV)? 如果是的话,提案为这些变量的管理所带来的增值是否足以证明 CMOC 的重叠和创建是必要的?

(6)评估和分配质量指标的流程是否有详细记录? 记录是否容易获取?

(7)提议的程序是否能确保 CMOC 数据集的质量具有内部一致性?

(8)拟议 CMOC 对外提供的数据、元数据和信息服务是否有访问限制? 如果有,这些限制是否违背免费和不受限制访问的宗旨?

(9)拟议 CMOC 的基础设施、经验、资金和配备人员是否足以满足计划运行?

(10)互操作性是指数据、元数据和信息通过 WIS 和/或 IODE ODP 广泛可见且可用。拟议 CMOC 是否符合此互操作性?

(11)CMOC 提案是否从数据类型、地理和时间覆盖范围方面明确说明其运营的数据领域?

(12)拟议 CMOC 是否应用特定领域的程序? 如果是的话,其目的(如增加互操作性、确保数据质量和连贯性、优化数据访问、提高协同能力)是否已充分阐述、有益,而且程序的相关文档容易获取?

(13)提议的规程、标准和最佳做法对于数据质量和管理是否适当、充分? 在可行情况下,是否准备使用"海洋资料标准和最佳实践"里的程序? 如果不是,是否提交新的标准或最佳做法供参考?

(14)是否明确说明该 CMOC 将承担哪些任务以镜像其流程、数据和元数据? 是否有证据(例如协议书)证明与现有 CMOC 或其他已建并持续发展的数据管理系统进行此镜像的合作安排?

(15)镜像流程是否足够稳健,从而可靠及时?

(16)提议的数据版本控制方法是否足以区分相同数据和几乎相同数据？

(17)提议的元数据版本控制方法是否足以区分不同版本的元数据？

(18)提议的流程版本控制方法是否足以保证用户根据传递的数据而确定数据处理步骤？

4.6.4 年度汇报和绩效指标

4.6.4.1 年度汇报和绩效指标旨在证明该 CMOC 正履行其义务和职责。CMOC 将每年不迟于 2 月 28 日向 JCOMM 资料管理协调组提交年度书面报告。欢迎提供关于 CMOC 过去一年运行情况的任何其他有用信息。报告应限 20 页以下,可使用以下模板起草:

—概况;

—背景;

—运行情况:基本设施、数据处理和提供方式、人员等的变更;

—年度统计;

—MCDS 关系/互动;

—科学问题/资料处理问题;

—展望/建议。

4.6.4.2 报告应包括以下内容:

(a)过去一年处理的资料类型和数量相较往年的统计数据。若统计数据包含对上一年收到资料的重新处理,则应说明重新处理的原因。

(b)若 CMOC 已变更运行包括新型数据、元数据和产品或者剔除之前处理的项目,则应给出变更解释。

(c)过去一年实际用于服务的数据、元数据和产品的类型和数量相较往年的统计数据。若服务已发生变更,则应说明变更原因。应清楚描述通过 WIS 和/或 IODE ODP 对外服务的数据和信息。

(d)该 CMOC 对其自身和其他 CMOC 的数据和元数据进行镜像的职能说明。还应提供统计数据证明镜像的稳健性和及时性。

(e)与其他 CMOC、NODC、高质量全球气候资料管理系统、现有 ISC-WDS 中心或其他已建数据管理系统协同工作的情况。

(f)过去一年基本设施或人员变更说明。

(g)若一个或以上变量为 GCOS ECV,则应说明与处理该 ECV 的资料系统开展的协同工作,并解释该 CMOC 为这些变量提供的增值业务。

(h)该 CMOC 采用的质量管理、标准或最佳做法等文档的最新清单。过去一年制订或更新的文档应醒目标记,并说明所有文档是如何获取的。

(i)若过去一年接收和处理的数据较往年发生任何值得注意的变化(如质量、时效、新仪器),则应说明变化情况及原因。因这些变化而采取的任何措施也应一并说明。

(j)若数据、元数据、产品或服务的访问权限发生任何变更,则应解释变更理由。

(k)过去一年该 CMOC 管理的数据时空范围较往年按数据类型的统计结果。

(l)过去一年数据或信息处理的任何变更说明及变更理由。

(m)该 CMOC 活动如何反映 CMOC 网络其他中心普遍采用的程序的说明。

(n)该 CMOC 就有关标准和最佳做法(如资料恢复及海洋气象和海洋数据、元数据与产品的收集、处理、归档和分发)向成员提供协助或建议时,与其他个人或组织互动的所有记录。

(o)用户引用或声明列表,表明使用该 CMOC 的操作、产品或服务。

4.6.5 现有海洋气象和海洋气候资料中心审查委员会的职责范围

4.6.5.1 由 JCOMM 资料管理协调组指定、至少 3 名成员组成的独立委员会须对现有 CMOC 进行审查。

4.6.5.2 委员会须执行以下程序:

(1)选出一名主席。

(2)审查时参考该 CMOC 的年度报告。须使用这些报告评估该 CMOC 是否仍满足原先评审所用的全部标准。认证标准如有变更,则变更后的标准也须满足。必要时,审查委员会可向该 CMOC 索取关于其活动的其他资料。委员会还可要求查阅认证委员会的报告和以往该 CMOC 的任何审查。以上所有文档应由该 CMOC 提供。

(3)如有需要,则指派人员与该 CMOC 商议和/或实地考察,以:

① 通知该中心可能需要澄清的内容,并进行澄清;

② 证实该 CMOC 的具体职能和能力;

③ 协商拟议遵守要求和承诺声明的必要修改;

④ 在《建议 2(JCOMM-4)》及其附件规定的时间内,向审查委员会提交一份含有建议的报告。

(4)准备一份书面评估报告,说明审查结果。特别地,若审查委员会认为拟议中心的遵守要求和承诺声明未达到一个或以上标准,则须解释原因并可建议可能的补救措施。

(5)将书面评估报告呈交 JCOMM 资料管理协调组及遵守要求和承诺声明的拟稿人。

(6)如有要求,向 JCOMM 或 IODE 的任一成员提供拟议中心遵守要求和承诺声明及评估报告的副本。

4.6.5.3 尽管 CMOC 没有义务加强业务(如增加新产品或改进产品),但委员会可以提出建议。

4.6.5.4 委员会主席须向 JCOMM 资料管理协调组汇报评审结果。

4.6.5.5 委员会成员包括:

(a)IODE 代表;

(b)JCOMM 代表(WMO 方);

(c)其他必要的代表。

4.6.6　已建海洋气象和海洋气候资料中心的审查流程

4.6.6.1　总则

4.6.6.1.1　《建议 2(JCOMM-4)》附件 3 和《JCOMM-4 执行摘要》(WMO-IOC/
JCOMM-4/3,WMO-No.1093)指出,JCOMM 资料管理协调组将每五年一次审查现有
CMOC 的绩效。审查委员会的一名或以上成员可能有必要到该 CMOC 进行实地调
查。在此情况下,预计该 CMOC 中心将资助访问。

4.6.6.1.2　将按照《建议 2(JCOMM-4)》附件 3 和《JCOMM-4 执行摘要》(WMO-
IOC/JCOMM-4/3,WMO-No.1093)中的说明采取进一步的行动。

4.6.6.2　五年审查标准

(1)鉴于过去 5 年 metocean 数据管理可能发生的任何变化,该 CMOC 的目标或活
动范围(数据、元数据和信息的恢复、收集、处理、归档、共享、分发和镜像、产品及服
务)是否仍然相关?

(2)该中心活动与其他 CMOC 和现有系统的协作是否处于恰当水平? 该中心是否
积极参与 CMOC 网络的协作行动和会议?

(3)基础设施和配备人员是否仍然充分支撑 CMOC 运行? 过去 5 年在提高运行效
率方面是否有所改进?

(4)是否有来自 CMOC 网络之外的团体对中心运行的任何书面支持?

(5)GCOS ECV 名称是否有任何变化影响该 CMOC 的运行? 该 CMOC 是否继续
表现出对 GCOS ECV 管理的增值作用?

(6)质量管理所用的流程是否仍然满足要求?

(7)该 CMOC 是否于每年 1 月 31 日或之前提交运行情况书面报告?

(8)数据、元数据和信息、产品或服务的访问限制是否发生变更? 如果是的话,变更
是否违背免费和不受限制访问的宗旨?

(9)互操作性指数据、元数据和信息通过 WIS 和 IODE ODP 广泛可见且可用。该
CMOC 是否具备此互操作性功能? 是否建立其他互操作性业务?

(10)数据领域是否仍然按数据类型、地理和时间覆盖范围进行明确说明?

(11)采用的数据和信息管理程序(比如那些旨在提高互操作性、保证数据质量和连
续性、优化数据访问和协同的程序)是否仍然得到充分阐述且有用?

(12)该 CMOC 的活动范围是否与 NODC、高质量全球气候资料管理系统、现有
ISC-WDS 中心或其他成熟的数据管理活动的范围重叠? 如果是,重叠部分带来的增值
是否得到充分阐述? 对是否有必要继续运行该 CMOC?

(13)该中心遵循的程序、标准和最佳做法对于界定数据质量和管理是否适当、充
分? 如果认证或上次审查时选择的标准或最佳做法不在《JCOMM 标准和方案目录》

中,那么,是否曾建议将新程序纳入目录?

(14)与其他 CMOC 或其他已建且不断成熟的资料管理系统的镜像协议是否继续以恰当、稳健、及时的方式发挥作用?

(15)认证和年度审查的相关文件是否容易获得?

(16)现有 CMOC 的质量流程和程序是否与 CMOC 网络其余中心一致?

(17)数据、元数据、产品和流程的版本控制方法是否足以令用户充分区分不同的版本?

中英文缩写对照表

缩写	英文全称	中文名称
AOR	Area of responsibility	责任海区
CCI	Climate Change Institute	气候变化研究所
CMM	Commission for Marine Meteorology	海洋气象学委员会
CMOC	Centre for Marine Meteorological and Oceanographic Climate Data	海洋气象和海洋气候资料中心
DAC	Data AcquisitionCentre	数据采集中心
DMCG	Data Management Coordination Group	资料管理协调组
ECDIS	Electronic Chart Display and Information System	电子海图显示和信息系统
EGC	Enhanced Group Call	强化群呼
ET	Expert Team	专家小组
ETDRR	Expert Team on Disaster Risk Reduction	减灾风险专家小组
ETMC	Expert Team on Marine Climatology	海洋气候学专家小组
ETOOFS	Expert Team on Operational Ocean Forecast Systems	海洋预报业务系统专家小组
ETSI	Expert Team on Sea Ice	海冰专家小组
GDAC	Global Assembly Centre	全球数据汇集中心
GDPFS	Global Data-processing and Forecasting System	全球数据处理和预报系统
GMDSS	Global Maritime Distress and Safety System	全球海上遇险和安全系统
HFNBDP	High frequency narrow-band direct printing	高频窄带直接打印
HQCS	higher-level quality control standard	更高级别质量控制标准
ICAO	International Civil Aviation Organization	国际民航组织
ICOADS	International Comprehensive Ocean-Atmosphere Data Set	国际海洋大气综合数据集
IHO	International Hydrographical Organization	国际水文组织
IMMA	International MaritimeMeteorological Archive	国际海洋气象文档
IMO	International Maritime Organization	国际海事组织
IOC	Intergovernmental Oceanographic Commission	政府间海洋学委员会
IODE	International Oceanographic Data and Information Exchange	国际海洋学数据和信息交换委员会
JCOMM	Joint WMO/IOC Technical Commission for Oceanography and Marine Meteorology	WMO/IOC 海洋学和海洋气象学联合技术委员会
JRCC	Joint Rescue Coordination Centre	联合救援协调中心

缩写	英文全称	中文名称
LES	Land Earth Station	陆地基站
MARPOL	Maritime Agreement Regarding Oil Pollution	防止船舶污染国际公约
MCDS	Marine Climate Data System	海洋气候资料系统
MCSS	Marine Climatological Summaries Scheme	海洋气候摘要方案
metocean	metocean	气象和海洋
METAREA	Meteorological area	气象区域
MF	Medium frequency	中频
MMOP	Marine Meteorology and Oceanography Programme	海洋气象学和海洋学计划
MMS	Marine Meteorological Services	公海海洋气象服务
MQCS	minimum quality control standards	最低质量控制标准
MSI	Maritime Safety Information	海上安全信息
NAVAREA	Navigation area	航行海区
NAVTEX	Navigational Telex	航行警报电传系统
NMDIS	National Marine Data and Information Service	国家海洋信息中心
NMHS	National Meteorological and Hydrological Service	国家气象水文部门
NODC	National Oceanographic Data Centre	国家海洋资料中心
ODP	Ocean Data Portal	海洋资料门户
PA	Programme Area	方案领域
PMO	Port meteorological officer	港口气象官
QMS	quality management system	质量管理体系
RSMC	Regional Specialized Meteorological Centres	区域专业气象中心
SAR	Search and Rescue	搜救
SOLAS	Safety of Life at Sea	海洋生命安全公约
UKHO	United Kingdom Hydrographic Office	英国水文局
UTC	universal time coordinated	世界时
VAAC	Volcanic Ash Advisory Centre	火山灰咨询中心
VHF	Very high frequency	甚高频
VOS	Voluntary observing ship	志愿观测船
WIGOS	WMO Integrated Global Observing System	WMO 全球综合观测系统
WIS	WMO Information System	世界气象组织信息系统
WMO	World Meteorological Organization	世界气象组织
WWMIWS	WMO Worldwide Met-Ocean Information and Warning Service	世界气象组织全球气象海洋信息和警报服务
WWNWS	Worldwide Navigational Warning Service	全球航行警报服务
WWW	World Weather Watch	世界天气监测